U0388874

身边常见的
600种
树木
识别速查图鉴

[日] 金田初代　著
[日] 金田洋一郎　摄影
张文慧　译

机械工业出版社
CHINA MACHINE PRESS

目录

趣味树木

看图学习树木术语

为了让读者能更好地了解树木，本书以插图的形式，展示了叶、花、果实的形状，以及开花、长叶的方式等，以此来介绍主要的植物术语。

● 树高　树高表示树木距地表的高度，一般 10 米以上的树木称为乔木，10 米以下至 2~3 米的称为小乔木，在此以下的称为灌木，1 米以下的称为小灌木。

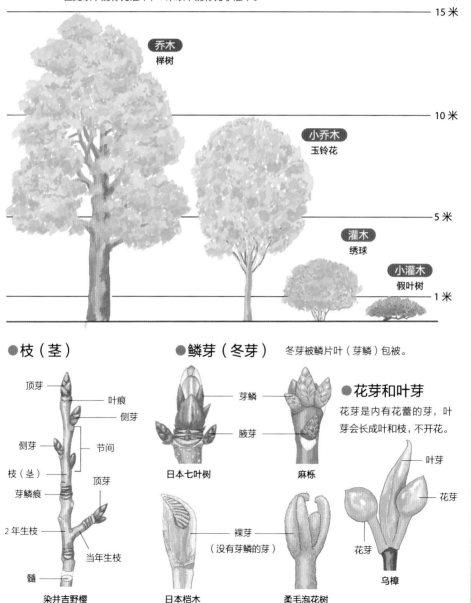

15 米

乔木
榉树

10 米

小乔木
玉铃花

5 米

灌木
绣球

小灌木
假叶树

1 米

● 枝（茎）

顶芽
叶痕
侧芽
侧芽
节间
枝（茎）
顶芽
芽鳞痕
2 年生枝
当年生枝
髓

染井吉野樱

● 鳞芽（冬芽）　冬芽被鳞片叶（芽鳞）包被。

芽鳞
腋芽

日本七叶树

麻栎

裸芽
（没有芽鳞的芽）

日本桤木

柔毛泡花树

● 花芽和叶芽
花芽是内有花蕾的芽，叶芽会长成叶和枝，不开花。

叶芽
花芽
花芽

乌樟

● 树形　包括根、干、枝、叶等在内的整棵树木的形状称为树形。根据
　　　　生长的自然环境不同，树形有时会变。

卵形

圆锥形

伞形

椭圆形

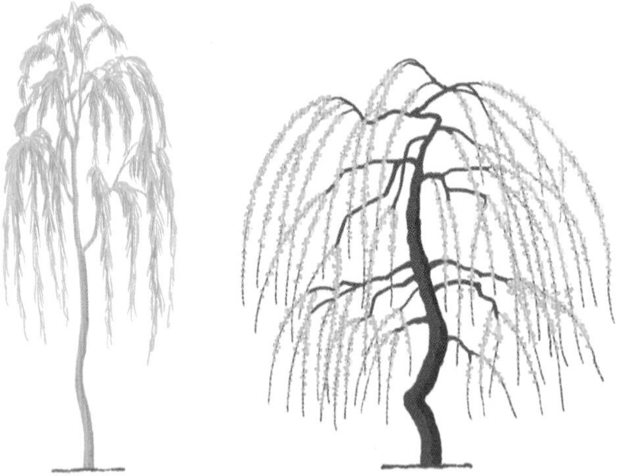

垂枝形

圆盖形

杯形

葡匐形

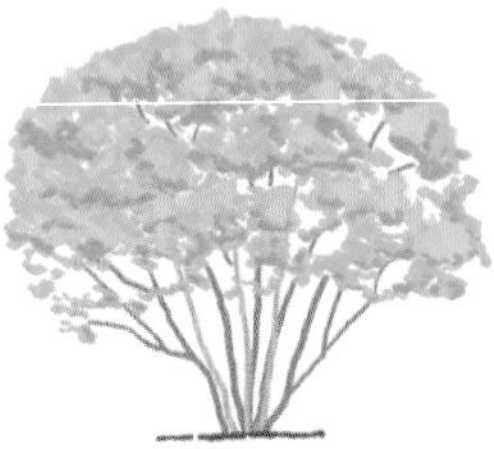

株立形

●叶子的结构和形状

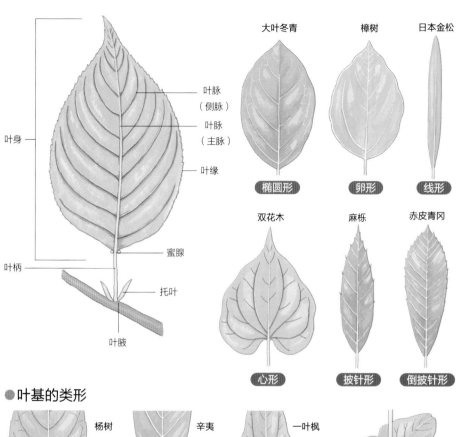

叶脉（侧脉）

叶脉（主脉）

叶身

叶缘

叶柄

蜜腺

托叶

叶腋

大叶冬青
椭圆形

樟树
卵形

日本金松
线形

双花木
心形

麻栎
披针形

赤皮青冈
倒披针形

●叶基的类形

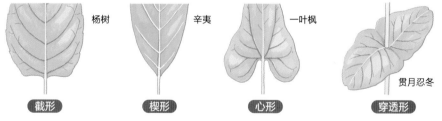

杨树
截形

辛夷
楔形

一叶枫
心形

贯月忍冬
穿透形

●叶缘的类型

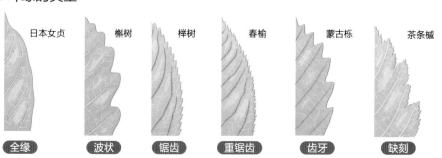

日本女贞
全缘

槲树
波状

榉树
锯齿

春榆
重锯齿

蒙古栎
齿牙

茶条槭
缺刻

● 叶子的生长方式

昌化鹅耳枥
互生

柊树
对生

夹竹桃
轮生

日本落叶松
束生

多花紫藤
顶小叶
叶轴
小叶
奇数羽状复叶

山皂荚
偶数羽状复叶

合欢
二回偶数羽状复叶

南天竹
三回奇数羽状复叶

毛果槭
三出复叶

牡丹
二回三出复叶

五叶木通
掌状复叶

● 具翅叶

枳
叶柄
叶柄具翅

盐肤木
叶轴
叶轴具翅

● 竹类的叶子

秆
肩毛
叶鞘

花朵的结构和形状

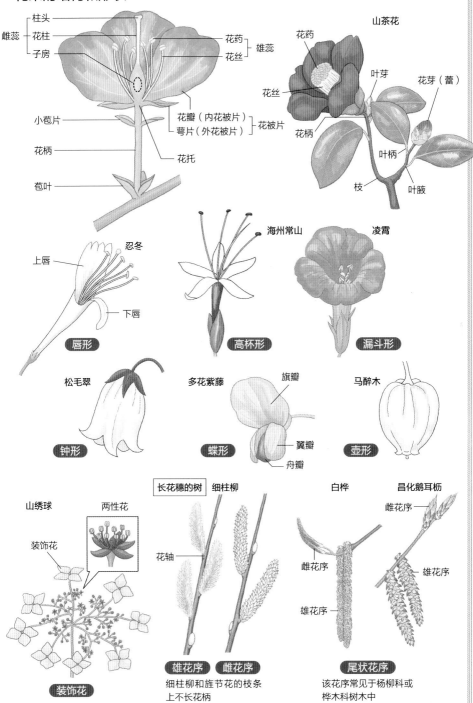

雌蕊
- 柱头
- 花柱
- 子房

雄蕊
- 花药
- 花丝

- 小苞片
- 花柄
- 苞叶

花瓣（内花被片）
萼片（外花被片）} 花被片

花托

山茶花
- 花药
- 花丝
- 花柄
- 叶芽
- 花芽（蕾）
- 叶柄
- 枝
- 叶腋

忍冬
- 上唇
- 下唇

唇形

海州常山

高杯形

凌霄

漏斗形

松毛翠

钟形

多花紫藤
- 旗瓣
- 翼瓣
- 舟瓣

蝶形

马醉木

壶形

山绣球
- 两性花
- 装饰花

装饰花

长花穗的树 细柱柳
- 花轴

雄花序 雌花序

细柱柳和旌节花的枝条
上不长花柄

白桦
- 雌花序
- 雄花序

昌化鹅耳枥
- 雌花序
- 雄花序

尾状花序

该花序常见于杨柳科或
桦木科树木中

● 花序

指生长在茎（枝）上的花的集合状态。根据种子的不同，花会按照一定的方式排列。整个带花的茎或花在茎上的生长方式称为花序。

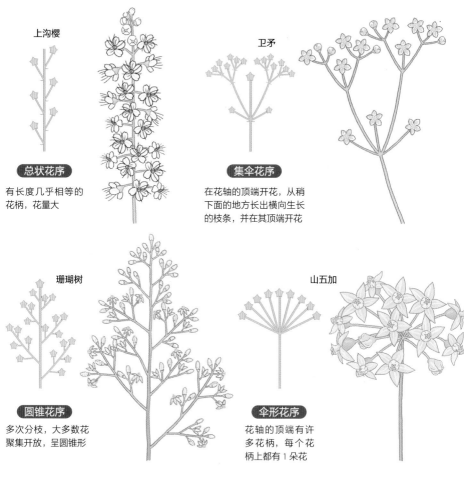

上沟樱

总状花序

有长度几乎相等的花柄，花量大

卫矛

集伞花序

在花轴的顶端开花，从稍下面的地方长出横向生长的枝条，并在其顶端开花

珊瑚树

圆锥花序

多次分枝，大多数花聚集开放，呈圆锥形

山五加

伞形花序

花轴的顶端有许多花柄，每个花柄上都有1朵花

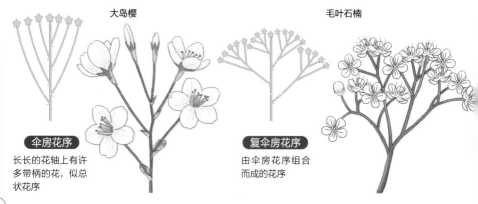

大岛樱

伞房花序

长长的花轴上有许多带柄的花，似总状花序

毛叶石楠

复伞房花序

由伞房花序组合而成的花序

● 果实的形状

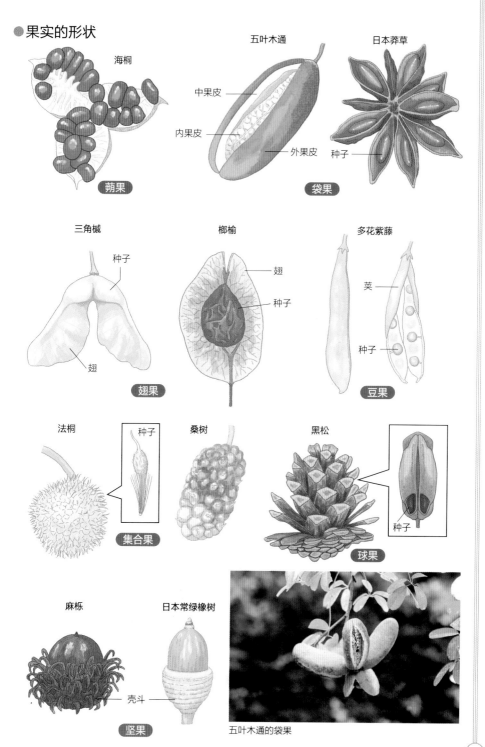

海桐
蓇葖果

五叶木通
中果皮
内果皮
外果皮
袋果

日本莽草
种子
袋果

三角槭
种子
翅
翅果

椰榆
翅
种子

多花紫藤
荚
种子
豆果

法桐
种子
集合果

桑树

黑松
种子
球果

麻栎
壳斗
坚果

日本常绿橡树

五叶木通的袋果

9

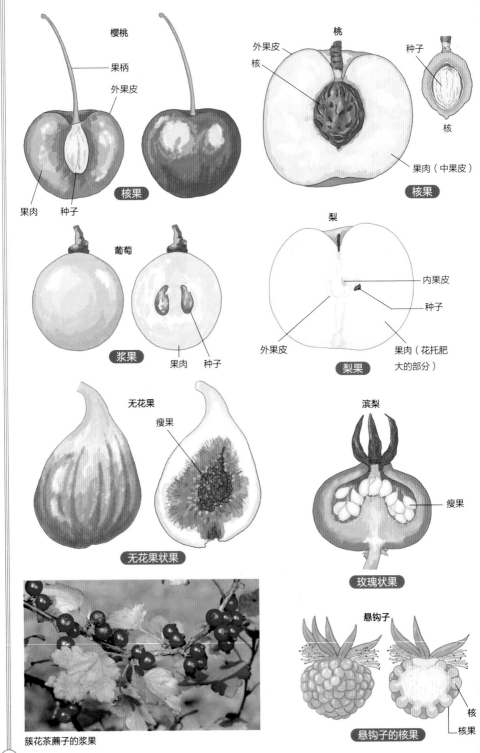

樱桃

果柄

外果皮

果肉　种子

核果

桃

外果皮

核

果肉（中果皮）

核果

种子

核

葡萄

浆果

果肉　种子

梨

内果皮

种子

外果皮

果肉（花托肥大的部分）

梨果

无花果

瘦果

无花果状果

滨梨

瘦果

玫瑰状果

簇花茶藨子的浆果

悬钩子

核

核

悬钩子的核果

树木术语

矮生种：与植物的标准大小相比，株高较低的植物品种。

斑：在叶子上出现2种或2种以上颜色的现象，有斑点的叶子称为斑纹叶。

苞叶：是为了保护花和芽而包裹在外边的叶子，有的看起来像花。也称为苞。

扁球形：呈一个圆形的球微微压扁的形状，形如围棋子或温州蜜柑。

波状：像槲树叶的边缘一样，凹陷部分和凸出部分都是圆的并形状整齐。

侧芽：从茎侧长出来的芽。

长枝：节与节之间生长出来的并长有一些叶子的较长的枝。

翅：附着在植物特定位置，形如翅膀，可见于槭树果实或卫矛的树枝上。

翅果：如槭树的果实具翅，翅是由果皮衍生出来的。

雌花序：只有雌花的花序。只有雄花的花序称为雄花序。

雌雄异株：指植株有只开雌花的雌株和只开雄花的雄株之分的现象。也称为雌雄异株。

袋果：成熟后果皮从合缝处纵裂的果实。

单叶：1片叶子，不分叶，如樱花、山茶花的叶子。

地被植物：覆盖地表生长，是一种低矮的株丛密集的植物。

地际：植物生长时与土壤相接的区域，是植株基部的地面分界线。

蝶形花：多见于豆科植物，5片花瓣，花形左右相称，看上去像蝴蝶。

丁字开花：花外侧的花瓣为单瓣或双瓣，中心部分呈半球形隆起的花形。

顶生：花等生长在茎或枝的顶端的现象。

顶小叶：羽状复叶中附着在叶轴顶端的小叶。有顶小叶则为奇数羽状复叶，无则为偶数羽状复叶。

顶芽：树枝顶端的芽，比下面的侧芽大。

豆果：成熟干燥后，有2处裂开的豆科果实。

豆荚：包裹豆科植物种子的壳。

短枝：节与节间叶子密集的较短的枝，短枝多开花结果。

对生：在茎的同一节上各长1片左右相对的叶子。

多花性：开花多的特性。

萼片：花外侧即为花萼，每一片花萼称为萼片，有的能与花瓣区别开来，有的看起来像花瓣。

二回偶数羽状复叶：羽状复叶的叶轴分枝成羽状且分枝两侧长有小叶，无顶小叶时记为偶数。

纺锤形：形似甘薯的圆柱形，两端尖。

风媒花：以风力为媒介将花粉传布到雌蕊上进行授粉的花，因常引起花粉症而为人熟知。

复叶：单片叶子深裂成几片，看起来像是多片分开的叶子，叶子为1片的称为单叶。

副冠：常见于西番莲和水仙，花的顶端关键部位生长有杯状物，看起来像花冠。也称为副花冠。

干果：果皮干，少肉少汁。果皮有裂开的，也有不裂开的。

秆：常见于竹子和水稻，除节以外的部分中空外硬，这样的茎特称为秆。

革质：如山茶花、桃叶珊瑚等的叶子，稍厚，像皮革一样柔软、有弹性。

固有种：在特定地区极端分布的物种。也称为特有种。

广披针形：一种更宽的披针形，其尖端较尖，从中间到底部很宽。

果苞：包裹着一个一个的果实，呈叶状的包被物，常见于疏花鹅耳枥等植物中。

果柄：结了果实的花柄。

果囊：常见于无花果和矮小天仙果等植物，果实为壶状。

果穗：花穗上的花朵凋谢后，许多果实汇集成穗状结果。

核果：外果皮薄，中果皮多肉多汁，中心有硬核，像梅子或桃子一样的果实。也称为石果。

红叶：叶子变成红色或黄色的现象。有时候为了区分开来，叶子变黄的现象又称为黄叶。

互生：在茎的同一个节上，一片一片的叶子交错生长。

花被片：花萼和花瓣合称花被，单片的称为花被片。

花柄：连接一朵花和茎的柄。

花簇：一处有许多呈簇状的花的集合。

花冠：一朵花的所有花瓣的集合。

花囊：看起来像无花果果实。花轴肥大，呈袋状，内部开出大量的花。

花丝：雄蕊中支撑花药的柄部。

花穗：长轴上有许多小花，呈穗状。

花托：花柄顶端长有花的部分，支撑着雄蕊和雌蕊。也称为花床。

花序：花附着在茎上的样子或花的集合。有分枝多呈圆锥状的圆锥花序；花柄长并在花序轴上开花的总状花序；花序轴较长，并密集排列着许多无柄花的穗状花序等。

花芽：开花的芽。生长时会长出花蕾，成为开花的枝芽。

花药：雄蕊上储存花粉的囊。

花轴：花序中央的茎，开2朵或2朵以上的花。

黄叶：指像秋天的银杏一样，叶子变黄的现象。

基部：茎接近地面的部分、叶尖的另一侧、叶柄附着茎的部分、花瓣接近花柄的部分，这些都被称为基部。

集合果：许多果实聚集在一起，看起来像1个果实，如桑树、红叶莓等的果实。也被称为多花果。

假种皮：包在种子表面的肉质膜状物，常见于卫矛、冬青卫矛等植物中。

坚果：像栗子一样的果实，果皮木质化后变硬，里面有1粒种子，也指橡子。即使成熟了或干燥后也不会开裂。

浆果：一种果实，果皮为肉质，汁液多，成熟后也不会裂开，种子稍硬，像紫葛的果实。又称为液果。

锯齿：指叶片边缘呈锯齿状，锯齿尖朝向叶尖。

两性花：一朵花中既有雄蕊又有雌蕊。

林床：森林树木下的地表面。虽然没有阳光照射，但在黑暗中也有植物生长。

鳞片：樱花、山茶花等包着冬芽的鳞片。

鳞片状：叶子变形成鳞片状。

鳞芽：包着鳞片状叶的冬芽。

轮生：指围绕茎节长出多片叶子的性状。根据叶子的数量，有 3 轮生、4 轮生或 5 轮生等。

蜜腺：花或叶子的一部分分化成的一种分泌蜜汁的腺体，用来吸引昆虫。

内花被片：常见于百合、鸢尾、水仙等，萼片与花瓣相似。统称为花被片时，指内侧的花被片。

攀缘：攀缘植物通过藤蔓、卷须缠绕在其他物体上，或者通过吸盘、气生根附着而长得很高的现象。

皮孔：树干或枝条表面的小斑点，起到呼吸的作用。

匍匐性：植物在地面上像爬行一样生长的特性。

旗瓣：豆科花卉中，上侧直立的大而醒目的花瓣。

气孔：空气和水蒸气进出的小缝隙，如长在针叶树的叶背处的白色小开孔。

气生根：从茎或树干中长出，暴露于空气中的根。

球果：松果状的果实，如属于针叶树的松树或日本柳杉的果实。

三出复叶：又称三小叶、三出叶，带有 3 片小叶的复叶。

实生苗：把植物的种子撒在土里培育，一次长出很多秧苗。

瘦果：果皮极薄呈膜质，与种子粘在一起的果实。

束生：植物集群生长，也称丛生。

树冠：树干以外枝叶茂密的部分。顶部枝叶茂密展开，如冠状物般。

树形：根、干、枝、叶等树木的整体形状。

蒴果：成熟时纵向裂开，种子散落的果实，如山杜鹃。

条：植物叶子上出现的纵向条纹斑，又称条纹斑、条斑。

托叶：位于叶柄基部的类似叶子的附属物。

外花被片：花瓣呈 2 层而无法相互区分时，位于外侧的花瓣。内侧的是内花被片。

尾状：叶子先端尖锐，像尾巴般伸展。

尾状花：细长的花轴周围生长着密密麻麻的无柄花，像尾巴或绳子一样下垂的花。

吸附根：像藤蔓植物中的常春藤一样，从茎上长出来的根，附着在其他物体上以支撑身体。

镶边：叶子或花瓣周围有不同于底色颜色的斑纹，若边缘为白色，则称为白镶边。

小叶：构成复叶的形如一片叶子的部分。

新梢：指当年新长出来的树枝。又称当年生枝或 1 年生枝。新枝也是同样的意思。

星状毛：从一个地方呈放射状生长，看起来像星形的毛。

芽鳞：冬芽外侧重叠包裹的鳞片状叶子，又称鳞片叶。

叶柄：位于叶子和茎之间的细柄，是叶的一部分。

叶痕：落叶后，留在枝条上的痕迹，又称叶印。

叶芽：长出叶和枝的芽，比花芽细长。

叶腋：叶子附着在茎上的部分的上侧，通常长有芽、枝叶和花。

叶缘：指叶子的边缘，有的呈锯齿状，有的不是，还有的有裂边。

叶轴：羽状复叶的叶柄延伸的轴。左右各有小叶，相当于单叶的中央脉。

瘿：也叫虫瘿，是蚜虫在植株上产卵、寄生后，导致植株一部分异常发育的产物。

羽状：单片的叶子呈鸟的羽毛状。

原种：培育出栽培品种或园艺品种的原有野生品种，相当于栽培品种或园艺品种的父母或祖先。

杂交：在遗传上，在不同的植物之间进行杂交以培育出新品种。

杂色花：在没有嫁接的情况下，在 1 株草或 1 棵树上开出 2 种以上不同颜色的花。

窄圆锥形：在看起来像圆锥形的树形中，宽度比其更窄的形状。

掌状复叶：呈手掌展开状的叶子，也被称为掌状叶。如山五加、五叶木通的叶子。

植株基部：整个植物被称为植株，植株的基部附近被称为植株基部。

中性花：雄蕊和雌蕊退化而不结果的花。

种间杂交种：不同种或属之间的杂交种。

舟瓣：蝶形花冠中央最靠中心的 2 片花瓣，又称龙骨瓣。

柱头：雌蕊顶端接受雄蕊花粉的部分。

装饰花：像绣球的中性花一样的花，大而美丽，引人注目。

总苞：是指包裹着花的基部的小叶状鳞片的集合，一片一片的鳞片被称为总苞片。

叶、花、果实、树皮全解析

图片目录

本书中，从要介绍的树木中挑选出一些树木，这些树木的叶、花、果实、树皮具有明显的特征。本书将这些共同特征作为索引，使读者们能够以此查找到想了解的树木的名称。

叶

叶形与叶子生长方式索引

叶子一般被分成3类，一类是1片叶子的"单叶"，一类是长有几片小叶的"复叶"，还有一类是针叶树的叶子。由于叶片的形状变异较多，所以书中选取了一些代表性树种的叶形。

单叶

圆叶　有圆形、圆心形、心形等叶形，叶缘有有锯齿和无锯齿之分。

圆形	圆心形	心形

圆叶 —— 有锯齿

大绣球 38	穗序蜡瓣花 64	日本金缕梅 66	日本荚蒾 99	榛 139

圆叶 —— 无锯齿

连香树 279	欧丁香 38	梓树 186	海州常山 188	双花木 205

细长叶

有线形、长椭圆形、披针形、倒披针形等叶形，叶缘有有锯齿和无锯齿之分。

线形　披针形　长椭圆形　倒披针形

细长叶 —— 有锯齿

马醉木 41	桃花树 58	光叶石楠 60

71	76	88	118	135
月桂	厚叶石斑木	日本山樱	上沟樱	昌化鹅耳枥
136	144	152	164	195
日本鹅耳枥	细柱柳	美国岩南天	泽八仙花	髭脉桤叶树
200	203	206	213	221
长叶紫绣球	丹桂	茶梅	黄土树	桃叶珊瑚
224	238	239	254	255
卫矛	紫叶李	枇杷	麻栎	栓皮栎
286	43	45	123	124
鹅耳枥叶槭	西洋杜鹃	瑞香	蚊母树	海桐

细长叶——无锯齿

16

白叶钓樟 125	乌樟 129	香桃木 155	黑花蜡梅 168	夹竹桃 172

胡颓子 222	交让木 234	白背爬藤榕 313

椭圆形叶

有椭圆形、卵形、倒卵形、铲形等叶形，叶缘有有锯齿和无锯齿之分。

椭圆形　卵形　倒卵形　铲形

椭圆形叶———有锯齿

枸木 46	山茶花 47	棣棠花 56	卵叶溲疏 69	梅 86
大山樱 89	染井吉野樱 90	温州双六道木 98	青荚叶 110	东亚唐棣 119
千金榆 136	白桦 140	海仙 147	绣球 166	南烛 190

小绣球 200

柊树 202

枣树 233

榉树 247

景天栲 252

蒙古栎 254

粉团 257

大叶冬青 263

构树 268

朴树 270

椭圆形叶——无锯齿

钝齿水青冈 271

四照花 77

金银木 97

腺齿越橘 106

虎刺 108

天女木兰 131

厚皮香 159

黄栌 162

日本女贞 173

樟树 183

白木乌桕 196

日本石栎 253

裂叶 有浅裂和深裂 2 种裂叶。裂开方式有很多种，如羽状裂、掌状裂，叶缘有有锯齿和无锯齿之分。

羽状裂

掌状裂

裂叶——有锯齿

冠蕊木 121

木芙蓉 178

木槿 179

刺楸 192

八角金盘 204

枫香 208

山红叶 281

糖槭 282

羽扇槭 283

花槭树 284

裂叶——无锯齿

紫葛 306

桑叶葡萄 306

毛泡桐 101

三桠乌药 126

棕榈 170

三角槭 277

银杏 280

常春藤 297

呈羽状生长的叶子

羽状复叶

复叶

长叶轴上左右并列长有小叶，称为羽状复叶，整体形如鸟的羽毛。叶缘有有锯齿和无锯齿之分。

羽状复叶——有锯齿

台湾十大功劳 72

无梗接骨木 96

香椿 162

滨梨 199

黄檗 264

野鸦椿 264

毛漆树 287

姬凌霄 293

贝利氏相思 50

云实 116

苏铁 170

朝鲜槐 198

无患子 261

多花素馨 295

多花紫藤 303

呈掌状生长的叶子

叶柄先端生长有 3 片以上叶子的复叶，呈放射状，看起来像手掌。叶缘有锯齿和无锯齿之分。

掌状复叶

日本七叶树 112

省沽油 114

枳 235

掌状复叶——无锯齿

毒豆 53

日本胡枝子 210

铁线莲 300

莴漆 308

五叶木通 312

针叶

长在针叶树上的叶形，分成线形叶、针形叶和鳞形叶。

针形

针叶

鳞形

线形叶

日本金松 324

罗汉松 325

落羽杉 329

杉木 330

鱼鳞杉 332

白叶冷杉 332

日本冷杉 333

北海道铁杉 334

本岛云杉 334

竹柏 341

针形叶
黑松 322

日本五针松 324

日本云杉 333

日本柳杉 335

蓝粉云杉 343

高山柏 344

鳞形叶
日本扁柏 336

圆柏 338

异叶南洋杉 343

北美香柏 345

花

花的生长和开花
形式索引

开花形式一般分成5类：在枝头或叶腋处开出的一朵或一团花（单花），圆锥花序，聚集成球状或半球状开花，穗状、总状或尾状花序，以及针叶树花。

单花

单花

从枝头或叶腋处长出花柄，在柄头开一朵花的类型。有像山茶花那样在枝头长出一朵大花的，也有在每个叶腋处长出一朵大花的，还有整体看起来像是聚集在一起绽放的样子，花形多样。

山茶花 47

棣棠花 56

桃花树 58

牡丹 73	玉兰 74	四照花 77	北美鹅掌楸 80	珙桐 84
红叶莓 120	天女木兰 131	日本厚朴 132	栀子花 171	海滨木槿 177
木槿 179	茶树 208	枳 235	连香树 279	西番莲 296

圆锥花序 　　　圆锥状

从粗大的花轴上长出枝条，多次分枝并聚集许多花朵，从而变成大的花序，花朵聚在一起，整体看起来像圆锥状。

金樱子 299	铁线莲 300			马醉木 41
细梗溲疏 69	无梗接骨木 96	小蜡树 102	日本七叶树 112	冠蕊木 121

野蔷薇 122	梧桐 158	棕榈 170	穗花牡荆 175	日本醉鱼草 189
髭脉桤叶树 195	朝鲜槐 198	圆锥绣球 201	草莓树 219	枇杷 239
南天竹 242	珊瑚树 244	琉璃山矾 260	凌霄 293	

聚集开花形 一般分为3种类型，一种是在叶腋处长出2至数朵的花；另一种是排列在一平面上，呈圆形绽放的伞房花序或伞形花序；还有一种是从一个地方长出多根相同长度的柄，在其顶端长出多朵花的聚伞花序。

团状　　聚伞

2至数朵

聚集开花形——2至数朵

日本吊钟花 42	垂丝海棠 62	檵木 65
藤杜鹃 82	梅 86	河津樱 87
日本山樱 88	染井吉野樱 90	

92	98	100	119	149
大岛樱	温州双六道木	海仙花	三叶海棠	六月雪
191	205	237	238	304
岩南天	圣诞欧石楠	郁李	姬苹果	忍冬

聚集开花形——团状

38	43	59	99	124
大绣球	山月桂	麻叶绣线菊	显脉荚蒾	海桐
148	163	166	200	248
西洋绣球天目琼花	粉花绣线菊	绣球	长叶紫绣球	杂色花楸

聚集开花形——聚伞

257	276	310	36	44
粉团	鸡爪槭	冠盖绣球	蝟实	山茱萸

月桂 71	本杜鹃 105	山五加 110	白叶钓樟 125	三桠乌药 126
乌樟 129	金丝桃 177	南京椴 180	红背山麻杆 181	合欢 197
小绣球 200	柊树 202	朱砂根 220	铁冬青 228	全缘冬青 229
欧洲冬青 230	小叶黄杨 232	北枳椇 265	多花素馨 295	菱叶常春藤 305

穗状、总状或尾状花序

分为穗状花序、总状花序、尾状花序。总状花序为细长的花轴上开出许多有柄的花；穗状花序为许多没有柄的花长在花轴上；尾状花序为没有柄的花呈尾状或绳状下垂。

穗状花序

总状花序 尾状花序

穗状、总状或尾状花序
——穗状、总状花序

毒豆 53	加拿大唐棣 54	少花蜡瓣花 64

108	111	117	130	158
油杜鹃	中国旌节花	刺槐	昆栏树	红荆

150	182	190	210
大叶醉鱼草	鸡冠刺桐	小果珍珠花	日本胡枝子

221	234	278	299	303
桃叶珊瑚	交让木	乌桕	日本野木瓜	多花紫藤

穗状、总状或尾状花序——尾状花序

138	139	140	141	142
夜叉五倍子	榛	白桦	水胡桃	鬼胡桃

144	248	252
细柱柳	乌冈栎	景天栲

针叶树花

针叶树花

枝头上聚集了长有圆形雌花和椭圆形雄花的针叶树花，没有花瓣，很朴素，但是因为是风媒花，所以会有大量的花粉飘散。

黑松 322

罗汉松 325

矮紫杉 326

喜马拉雅雪松 327

水杉 328

杉木 330

日本柳杉 335

日本扁柏 336

日本榧树 342

果实

果实的形态和种类索引

主要分为 3 类：果皮干燥的干果、果皮不干燥且多肉多汁的圆果（多肉果），以及有 2 个以上的果实集合成 1 个果实的集合果。

干果——会裂开的果实

分为 3 类：成熟干燥之后，会从下面裂开的蒴果；果皮边缘粘在一起成袋状，里面含有种子的袋果；豆科果实成熟后，会有 2 处裂开的豆果。

蒴果 **袋果** **豆果**

会裂开的果实
——蒴果

马醉木 41

美丽红千层 45

山茶花 47

齿叶溲疏 68

野茉莉 103

蚊母树 123

海桐 124

厚皮香 159

木槿 179

梓树 186

会裂开的果实
——袋果

297 南蛇藤	73 牡丹

130 昆栏树

264 野鸦椿

279 连香树

312 五叶木通

会裂开的果实
——豆果

49 紫荆

50 贝利氏相思

174 槐

303 多花紫藤

干果——不会裂开的果实

瘦果有薄而硬的果皮，成熟后变干，看起来像1粒种子；坚果具有硬革质的果皮，如橡子；还有针叶树类的松球状球果；果皮的一部分呈羽状伸展的翅果等。

瘦果　坚果　球果　翅果

不会裂开的果实
——瘦果

56 棣棠花

57 鸡麻

300 铁线莲

不会裂开的果实——坚果

135 昌化鹅耳枥

248 乌冈栎

254 炮栎

270 板栗

不会裂开的果实——球果

138 夜叉五倍子

324 日本金松

327 喜马拉雅雪松

328 水杉

331 日本落叶松

336 日本扁柏

28

日本花柏 339

臭椿 115

光蜡树 245

榔榆 251

山红叶 281

红脉槭 285

圆果　果肉厚而多汁，形状为球形或椭圆形。分为浆果、核果、梨果3类，都是熟了不会裂开的果实。

浆果　核果　梨果

圆果——浆果

山茱萸 44

台湾十大功劳 72

无梗接骨木 96

莺神乐 97

金银木 97

腺齿越橘 106

中国旌节花 111

簇花茶藨子 125

枸杞 212

胡颓子 222

日本茵芋 236

南天竹 242

山桐子 250

紫葛 306

蛇葡萄 307

葛枣猕猴桃 311

五味子 313

29

圆果——核果

54	78	99	142	153
加拿大唐棣	大花四照花	日本荚蒾	鬼胡桃	三裂树参
173	188	213	218	
日本女贞	海州常山	黄土树	白棠子树	
219	221	229	234	237
油橄榄	桃叶珊瑚	全缘冬青	交让木	郁李
240	244	249	256	258
火棘	珊瑚树	杨梅	荚蒾	毛叶荚蒾
259	263	305	59	60
日本紫珠	大叶冬青	菱叶常春藤	野山楂	光叶石楠

圆果——梨果

厚叶石斑木
76

毛叶石楠
121

姬苹果
238

野蔷薇
122

滨梨
199

英桐
246

日本南五味子
302

树皮

树皮特征索引

树木种类不同，树皮会表现出不同的特征，一般可分为3种类型：有竖纹或横纹的树皮、平滑树皮及片裂或剥落树皮。

有竖纹或横纹的树皮

树皮表面隆起的小的、零散分布的点为皮孔，为树皮增添了特性，一般分为2类：皮孔纵向延伸形成竖纹的，以及皮孔横向延伸形成横纹的。

纵纹

横纹

纵纹

紫荆
49

乌樟
129

疏花鹅耳枥
134

红脉槭
285

横纹

日本山樱
88

染井吉野樱
90

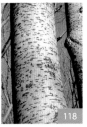

上沟樱
118

山桐子
250

平滑树皮

平滑的皮孔

因为凹凸很少，进出空气的皮孔也很小，不太明显，所以这类树木的树皮通常看起来比较平滑。

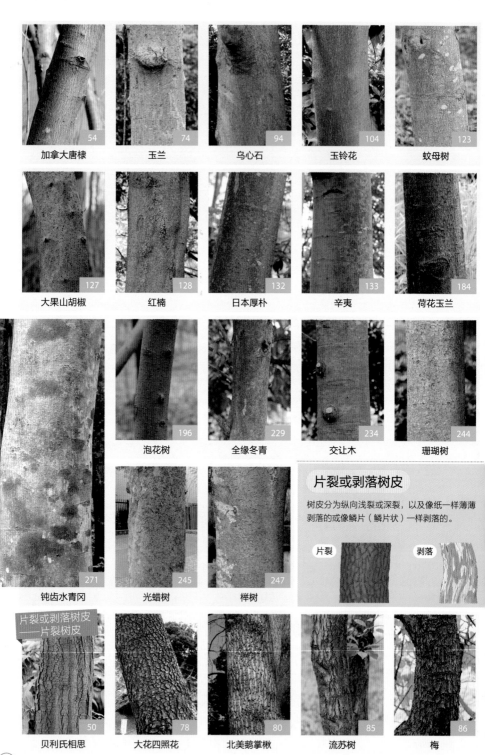

加拿大唐棣 54

玉兰 74

乌心石 94

玉铃花 104

蚊母树 123

大果山胡椒 127

红楠 128

日本厚朴 132

辛夷 133

荷花玉兰 184

泡花树 196

全缘冬青 229

交让木 234

珊瑚树 244

钝齿水青冈 271

光蜡树 245

榉树 247

片裂或剥落树皮

树皮分为纵向浅裂或深裂，以及像纸一样薄薄剥落的或像鳞片（鳞片状）一样剥落的。

片裂

剥落

片裂或剥落树皮
——片裂树皮

贝利氏相思 50

大花四照花 78

北美鹅掌楸 80

流苏树 85

梅 86

春榆 95	刺槐 117	日本桤木 137	鬼胡桃 142	梓树 186
北枳椇 265	乌桕 278	银杏 280	日本落叶松 331	

片裂或剥落树皮
——剥落树皮

山茱萸 44	珙桐 84	白桦 140	紫薇 157	
	夏山茶 160	姬沙罗 161	香椿 162	髭脉桤叶树 195
英桐 246	榔榆 251	黑松 322	日本扁柏 336	日本香柏 337

33

本书特色及使用方法

• **索引：**

本书将树木按春、夏、秋三季的可赏花树木，果实有特色的树木，红叶美丽的树木，藤本植物与竹类植物等进行分类介绍。此外，还将树木按用途分为庭院树、行道树、公园树、生长在山地和乡村的树等几类。

树木大致是依分类顺序按科、属排列的，但由于篇幅有限，也可能出现内容排版不太合理的地方，还请各位读者见谅。

• **解说：**

该部分对树木的看点、名字的由来、相似的树木和同属类树木区分的要点等都进行了简要说明。

• **树名：**

树木的常用名。

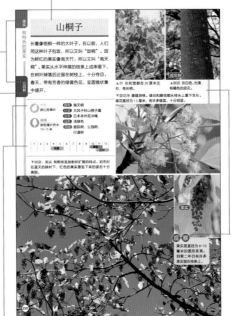

• **图片解说与观察：**

对树皮、花、果实、叶子的大小、特征等进行了详细说明。

• **生态数据：**

叶形　

线形　全缘单叶　掌状复叶　羽状复叶　叶缘深裂的单叶　针形　鳞形

树高　

卵形　圆锥形　伞形　椭圆形　垂枝形　圆盖形　杯形　株立形　不规则形　匍匐形　蔓形

叶形 分为单叶和复叶，这里显示的是成年树的叶子的特征形状，复叶记录的是小叶的形状。

树高 指从标准的成年树自根部起至树冠的大约高度。记录的是整个树形、落叶或常绿等树木的生活形态。树形分为 11 类，虽然都做了标记，但是在自生的环境等条件下，树形并不都是固定的。因此，可能会有与这 11 类不相符的情况。

别名 指除了作为标题介绍的树木名以外，还经常使用到的其他名字。

分类 树木所属的科名、属名。

分布 记录树木在日本常见的分布区域或原产地。有些记录的是园艺品种、人工杂交培育品种等信息。

花色 主要的花色，复色为 1 朵花有 2 种以上的花色。萼片、花丝等显眼的部分，其颜色也会有所注明。

用途 记录树木的一般用途。

日历 表示开花期、果熟期和观赏红叶的时期。但地方不同，这些时期也会有差异。

本书如未有特别标注，则书中信息以截至 2015 年 3 月 30 日的信息为标准。

能观赏季节
之花的树木

不像落叶树般有明显季节变化的常绿树木，也能随着四季而不断变化。而要说到这类树木最大的变化，就要数其开花现象了。花开飘香，一改山野与庭院的景色。无论是春天植物萌芽的前后时期，还是树木长成之后的夏秋阶段，不同的季节，都有各类树木绽放出美丽的花朵。本书按照可观赏季的不同对这类树木进行了介绍。

迷迭香

属名"*Rosmarinus*"有"海洋之露"的意思，英文名"rosemary"更为人所熟知。迷迭香被触碰后会散发出清香，作为草本植物而闻名。生长茂盛，会密生出富有光泽的线形叶，叶腋处会轮生出唇形小花。其枝叶除了能用来做菜，还能用来沐浴，有舒缓神经、缓解疲劳的功效。

叶形	别名	海洋之露
线形单叶	分类	唇形科迷迭香属
	分布	原产于地中海沿岸
树高	花色	蓝、粉、白、浅紫色
株立形或匍匐形常绿灌木 1~2米	用途	庭院树、公园树、盆栽

1 2 3 4 5 6 7 8 9 10 11 12
花期　　　　　　　　　花期

▲花 唇形花。花色有蓝、浅紫、粉、白色，有四季开花性，秋天也能赏花。

▼树姿 如图所示，有自树的基部开始分枝并朝上生长的类型和枝条垂下的类型。

蝟　实

从植株根部伸出许多细枝，植株立起。枝条呈拱形，优雅垂下，在枝头开出许多筒状小花。平时看起来很朴素，但是盛开的时候植株会被粉红色的花覆盖，十分美丽。结实、易栽培，高度仅为1.5~3米。由于枝条垂下并横向扩展，适合种植在宽广的庭院和公园里。

叶形	别名	美人木
椭圆状卵形单叶	分类	忍冬科蝟实属
	分布	原产于中国中部
树高	花色	粉色
垂枝形落叶灌木 1.5~3米	用途	庭院树、公园树

1 2 3 4 5 6 7 8 9 10 11 12
花期

▲花 花冠呈钟状5裂，长约1.5厘米。花喉部为黄色，每2朵成1对。

▼树姿 许多小枝条横向生长，枝条微微下垂，顶端众花齐放。

红蕾荚蒾

枝头上的许多小花聚集成绣球状簇拥绽放。花朵还在花蕾的时期为深粉色，长长的花筒顶端 5 裂，开放后变成白色，散发出甜甜的香气。圆形的叶子两面长毛，叶缘具细锯齿。与变种的备中荚蒾一同常用作庭院树。也有从欧洲引进的品种，属名为荚蒾。

备中荚蒾

▲叶 暗绿色宽卵形的叶子，长 5~9 厘米，先端圆或短而尖，对生。

▲花与叶 绣球状的花朵直径为 3~6 厘米，叶为长卵形。

▼花 长 8~13 毫米，先端 5 裂，多朵筒状小花聚集在一起，形成直径约为 8 厘米的绣球状花序。

叶形	宽卵形至卵形 单叶	别名	无
树高	株立形落叶灌木 1.5~2.5 米	分类	五福花（忍冬）科荚蒾属
		分布	日本对马岛、朝鲜半岛南部、韩国济州岛
		花色	白色
		用途	庭院树、公园树

1	2	3	4	5	6	7	8	9	10	11	12
			花期								

▼树姿 红蕾荚蒾的杂交种，比备中荚蒾的花房要大，是能散发出浓烈芳香的人气品种。

红蕾雪球荚蒾

观察
虽然花蕾是粉色的，但开出来的花是白色的。

大绣球

自古就常作为庭院树和公园树来栽培的园艺品种。在枝头聚集生长有许多白色花朵，呈绣球状绽放，是大型的绣球花，"绣球"直径大的有 12 厘米，因而得名"大绣球"。花开初期会泛绿，之后随着花慢慢地绽放开来，花色也会变成纯白色。也有像粉大绣球花那样的粉花品种。

叶形		
宽卵形单叶	别名	绣球花
	分类	五福花（忍冬）科荚蒾属
	分布	园艺品种
树高	花色	白色
株立形落叶灌木 1~3 米	用途	庭院树、公园树

1	2	3	4	5	6	7	8	9	10	11	12

花期

欧丁香

枝头的叶腋处长有会散发出甜香味的小花，并簇拥开放。花可作为制作香水的原料，为长约 1 厘米的筒形花，先端 4 裂，平平绽放。三角状的宽卵形叶子长 4~10 厘米，略硬，表面有光泽，叶缘平滑，对生生长。其园艺品种花色多样，还有树高在 1 米以下的矮生品种。

叶形		
宽卵形单叶	别名	紫丁香花、洋丁香
	分类	木犀科丁香属
	分布	原产于欧洲南部
树高	花色	白、粉、浅紫、红紫色
圆盖形落叶灌木 2~4 米	用途	庭院树、公园树、行道树

1	2	3	4	5	6	7	8	9	10	11	12

花期

粉大绣球花

◀花 粉大绣球花品种之一"双子座"，混合有白色、粉色的花色，绽放时十分美丽。

▼花 由雄蕊和雌蕊退化之后的装饰花，不结果实。小图为初开时的绿色花朵。

▲叶 叶缘无锯齿，叶先端尖，略显革质，有光泽，两面都没毛。

▼花 法文名"里拉"也是该花的常用名，是冷凉地的代表性花树。日本北海道就将其用作行道树。

连翘

长出叶子之前，鲜黄色的花朵多到仿佛淹没了长枝一般，为初春的庭院增添了色彩。花朵是直径为 2.5 厘米的筒形花，绽放时先端深裂成 4 瓣。有干、枝呈弓状的朝鲜连翘；也有直立，开花的同时会长出绿叶的金钟花；还有原产于日本的日本连翘，以及能长出大而多的花朵的园艺品种等。

金钟花

金钟花

▲花 金钟花原产于中国，树形直立，是栽培最多的品种。

▲叶 连翘的叶子一般为卵形，但金钟花的叶子为椭圆形至长椭圆形。

叶形	卵形单叶
树高	株立形落叶灌木 2~3米

别名 黄花杆
分类 木犀科连翘属
分布 原产于中国
花色 黄色
用途 庭院树、公园树、绿篱

1	2	3	4	5	6	7	8	9	10	11	12
		花期									

▼枝 连翘有两类：一类是细枝长长地伸展、垂下，并落地生根的类型；另一类为直立生长的类型。

▼树姿 特征为四角形的枝条长长地伸展。

朝鲜连翘

观·察

花呈筒形，4裂，内面泛橙色。

迎春花

早春时期，在叶子长出来之前会开出形似梅花的黄色花朵，在中国被称为"迎春花"。绿色带有棱角的细枝呈藤蔓状垂下，并落地生根。木犀科素馨属植物一般花香迷人，但迎春花却不带花香，长长的花筒先端6裂成完整的花朵。叶子为3片小叶组成的复叶，对生。

叶形
长椭圆形复叶（小叶）

 别名 黄梅
 分类 木犀科素馨属
分布 原产于中国
花色 黄色

树高
半匍匐性落叶小灌木
1~2米

用途 庭院树、绿篱、盆栽

1	2	3	4	5	6	7	8	9	10	11	12
	花期										

▲冬芽 二年生枝的叶腋处会长出一个个芽，在有棱角的枝条上成对生长。

▼花 花冠呈高杯形，直径为2~2.5厘米。在初春第一次刮来较强南风的时期开花，在少花的季节里亮眼夺目。

野迎春

又称"云南黄梅"，虽然形似迎春花，但花和叶均比迎春花的更大。与会落叶的迎春花相反，该植物为常绿灌木。整体无毛，细细的四角形绿枝长长地伸展并垂下，开出直径约为4厘米、鲜艳的黄色花朵。叶腋处的筒形花朵先端6~8裂绽放开来，因而看起来像重瓣花。

叶形
长椭圆形复叶（小叶）

 别名 云南黄梅
 分类 木犀科素馨属
分布 原产于中国
花色 黄色

树高
半匍匐性常绿灌木
2~3米

用途 庭院树、公园树

1	2	3	4	5	6	7	8	9	10	11	12
	花期										

▲叶 三出复叶，对生。顶小叶略大，长5厘米，呈长椭圆形。

▶树姿 明治初期传入日本。该植物的枝条会垂下来，所以常见到其在栅栏处垂下枝条的美丽姿态。

马醉木

枝头上，许多白色壶形花朵汇聚成穗状并向下垂。有开红花或有斑叶的园艺品种。花朵朝下开放，但果实是朝上成熟。因为是有毒植物，马吃了该植物的枝叶，会变得摇摇晃晃，像醉了一样，因而被称为"马醉木"。在日本又叫作"鹿不食"，因为在日本的奈良公园，鹿不吃该植物，所以有许多马醉木在那里生长。

▲新叶 刚长出的叶子有点泛红，十分美丽。

▲果实 扁球形的蒴果，秋天朝上成熟。

▼花 开出红花的园艺品种"圣诞欢歌"，花量多，也常作为盆栽栽培。

叶形
倒披针形单叶

树高
株立形常绿灌木、
小乔木 1~8 米

别名 梫木、恶果树、鹿不食
分类 杜鹃花科马醉木属
分布 日本本州至九州
花色 白色
用途 庭院树、公园树、
绿篱、盆栽

1	2	3	4	5	6	7	8	9	10	11	12
		花期						果期			

红花马醉木

▼树姿 耐阴，具有观赏性。叶厚，为富有光泽的深绿色，先端尖锐。

观察
长 6~8 毫米的细长壶形花，先端5浅裂，朝下绽放。

41

日本吊钟花

在细枝头上长出轮生状的叶子。1~5 朵白色的壶形小花如吊钟般朝下绽放，十分可爱动人。除了花以外，秋天的红叶和冬天的落叶也很美，是十分具有观赏性的花树。有钟形花朵里带红筋的铃儿花及其变种红铃儿花，还有红色的吊钟形小花红灯台等品种。

▲叶 长 2~4 厘米。叶子先端尖而短，聚集生长在枝头处。

▲红叶 日本俳句中称该植物的红叶为"满天星红叶"。

▼幼果 长约 8 毫米的细长椭圆形蒴果，秋天朝上成熟。

叶形
倒卵形单叶

树高
卵形落叶灌木
1~2 米

别名 灯台
分类 杜鹃花科吊钟花属
分布 日本本州（伊豆以西）至九州
花色 白色
用途 庭院树、公园树、绿篱

1	2	3	4	5	6	7	8	9	10	11	12
			花期						果实		
									红叶		

▼树姿 几乎等长的小枝呈轮状生长，形成独特的姿态，开出许多长 7~8 毫米的壶形花朵。

铃儿花

观察

该类植物的嫩叶均朝上长，花朝下开。

西洋杜鹃

18 世纪以后，亚洲产的杜鹃花经过欧洲改良后花色丰富，花房大而华丽，十分有魅力。近年来有许多日本培育的品种上市，总品种多达 5000 种以上。因为西洋杜鹃树形大，比日本的品种更容易栽培，所以会更常见于庭院中。

叶形		别名	杜鹃花
长椭圆形单叶		分类	杜鹃花科杜鹃花属
		分布	园艺品种
树高		花色	白、粉、红、橙、黄、紫、褐色
圆盖形常绿灌木 1~4 米		用途	庭院树、公园树

1	2	3	4	5	6	7	8	9	10	11	12
				花期					果实		

◀花芽与叶 花芽长约 2.5 厘米。叶厚，革质，长 10~15 厘米，有光泽。

▼花 呈漏斗形，色彩缤纷，在枝头上聚成球状绽放。可用来装饰庭院。

山月桂

形似星星糖的花蕾绽放后，花朵形如碗，一改花蕾时期的样子。如有袋容纳花的雄蕊先端，一旦有昆虫触碰到雄蕊，被收起的花药就会散出花粉。叶子呈深绿色，颜色鲜艳，叶肉厚，革质，长 7~10 厘米，为长椭圆形，互生，但植株的上半部分叶序为轮生。

叶形		别名	美国杜鹃花
长椭圆形单叶		分类	杜鹃花科山月桂属
		分布	原产于北美洲东部
树高		花色	白、粉、红、褐色
株立形常绿灌木 1~5 米		用途	庭院树、公园树

1	2	3	4	5	6	7	8	9	10	11	12
				花期					果实		

▶叶 深绿色，无毛，有光泽，背面泛红。有毒。

▼花 直径约为 2 厘米，先端 5 裂，30~40 朵花聚集枝头簇拥绽放。每朵花有 10 枚雄蕊。

山茱萸

初春时期，山茱萸在叶子发芽前会开花，所以整棵树都会染上鲜艳的黄色。枝条斜向上伸展，小花直径为 4~5 毫米，会在一处聚集 20~30 朵花齐齐绽放。花瓣有 4 片，先端尖而翘。叶对生，背面密生有褐色的毛，聚集生长在枝头。秋天，椭圆形的成熟红果实会挂在叶腋下。

▲果实 秋天会结出红彤彤的果实，因而又叫"秋珊瑚"。

▲树皮 呈灰黑色。树皮薄，剥落的痕迹为浅褐色。

▼叶 有叶柄，先端尖，呈尾状，长 4~12 厘米。叶缘平滑，有 4~7 对侧脉。

叶形
卵状椭圆形单叶

树高
杯形落叶小乔木
3~8 米

别名	山萸肉、秋珊瑚
分类	山茱萸科山茱萸属
分布	原产于朝鲜半岛、中国
花色	黄色
用途	庭院树、公园树、行道树

1	2	3	4	5	6	7	8	9	10	11	12
	花期								果实		

▼树姿 江户时代作为药用植物传入日本，与日本金缕梅同为初春的花树而为人所熟知。

观察

花序的基部长有 4 片总苞片。花小，4 片花瓣弯曲生长。

美丽红千层

枝头长出穗状花序。形如洗瓶子的刷子，因而日本称其为"刷子树"。看起来像刷毛的是长长的雄蕊，有5片极小的花瓣会在开花的时候掉落。花后，枝条会长得更长，上面会长出细叶。之后结出果实覆盖着枝条。乍看之下像是虫卵，会持续在枝条上结果好几年。

叶形	披针形单叶
树高	卵形常绿灌木 2~3米

别名	多花红千层
分类	桃金娘科红千层属
分布	原产于澳大利亚
花色	红、粉、白色
用途	庭院树、公园树

1	2	3	4	5	6	7	8	9	10	11	12
				花期			果实				

▲果实 2年前的木质化果实和当年结的果实。果实为蒴果，不同时期的果实之间在枝条上留有长间隔。

▼树姿 明治中期传入日本，因其独特的花姿而受到人们的喜爱。英文名叫"Bottle brush"（洗瓶刷）。

瑞 香

初春时期，花朵绽放，散发出浓郁的芬芳。日本称其为"沈丁花"，是源于该花香被比作沈香和丁香（两种带有香气的树木）。花直径约为1厘米，外侧为紫红色，内侧为白色，有10~20朵聚集生长在枝头。有花的内外侧都为白色的"白花瑞香"和带斑叶的品种等。叶厚，革质，无毛，呈深绿色，表面富有光泽，叶缘平滑。

叶形	长椭圆形、倒披针形单叶
树高	株立形常绿灌木 1~1.5米

别名	无
分类	瑞香科瑞香属
分布	原产于中国
花色	浅红、白色
用途	庭院树、公园树、绿篱

1	2	3	4	5	6	7	8	9	10	11	12
			花期								

▲花蕾 总苞开放后能看到花蕾。花蕾外侧是红色的，十分夺目。

▼花 室町时代传入日本。看似花瓣的实际为筒状花萼，先端4裂。

结 香

在日本又有"三桠"之称，因其新枝必会长出 3 个分枝而得名。初春时期，长出叶子之前会开出散发甜香味的花朵。花朵无花瓣，呈筒状的花萼 4 裂，形似花瓣，枝头多朵花聚集成绣球状簇拥绽放。也有花的内侧为红色的品种，叫"红花结香"。叶质薄，呈长椭圆形至披针形，叶背面密生有绢毛。

叶形
长椭圆形、披针形单叶

树高
株立形落叶灌木
1~2 米

别名	三桠树
分类	瑞香科结香属
分布	原产于中国
花色	黄色
用途	庭院树、公园树

1	2	3	4	5	6	7	8	9	10	11	12
		花期									

▲枝 新枝上通常是三叉分枝，因而日本又将该植物名写作"三又"。

▼树姿 室町时代传入日本。树皮纤维韧性，可作为纸张的原材料。花朝下开，散发芳香。

红花结香

枹 木

全年叶厚而茂盛，有光泽，耐剪，可用作绿篱。虽然长得像红淡比，但要小一些，在日本关东地区，常作为红淡比的代替品，用其树枝做祭神活动。花小，呈钟形，有强烈的臭气，叶腋处会长出 1~3 朵朝下绽放的花。雌雄异株，雌株会结出直径约为 4 毫米的球状果实，秋天成熟后会变黑。

叶形
椭圆形至披针形单叶

树高
卵形常绿小乔木
4~8 米

别名	细叶菜、海岸枹
分类	五列木科（山茶科）枹木属
分布	日本本州至冲绳
花色	白色
用途	庭院树、公园树、绿篱

1	2	3	4	5	6	7	8	9	10	11	12
		花期							果实		

▲叶 长 3~7 厘米，叶序互生。两面无毛，叶缘具浅锯齿。

▼雄花 5 瓣花，直径为 5~6 厘米，雌蕊已退化，只留下雄蕊，因此雄蕊看起来比较显眼。小图为雌花。

山茶花

枝头的红花在绿油油的叶子衬托之下，显得夺目靓丽。雄蕊的下半部分粘在一起呈筒状，因为也和花瓣的基部合在一起，所以落花的时候，会从花首开始，整个扑簌簌地落下来。常见的是以庭院和公园里的山茶花为原品种与日本海一侧的多雪地带自生的"雪山茶"杂交培育出来的园艺品种。

正面　背面

▲叶 叶厚，革质，先端尖，叶缘为细锯齿状。叶正面为带光泽的深绿色，背面为浅绿色。

▲果实 成熟后会分成3粒深褐色的种子。

叶形	别名	薮春、山椿
长卵形单叶	分类	山茶科山茶属
	分布	日本本州至冲绳
树高	花色	红、浅红、白色
卵形常绿乔木 3~15米	用途	庭院树、公园树、绿篱

1	2	3	4	5	6	7	8	9	10	11	12
	花期								果实		花期

▼树姿 原产于日本的山茶花在日文里写作"椿"，意指春天开花的树木。

▼花 雪山茶的花呈掌状平整开放，雄蕊的花丝为黄色。

雪山茶

花丝

观察

花的直径为5~7厘米。5片花瓣的基部粘在一起，不会完整开放，而是呈半开状。雄蕊的花丝为白色。

梣叶槭

叶子由奇数小叶组成，呈掌状但不裂开，一眼看上去不像槭树科植物。花长在枝头处，在细丝状的花柄先端处垂下绽放。雌雄异株，均无雄花、雌花花瓣。叶色由白、粉、绿3种颜色组成的美丽园艺品种"火烈鸟"、有金黄色叶芽的园艺品种"金黄凯利斯"等常用作庭院树。

翅果

火烈鸟

▲幼果 翅果长在细叶柄上。叶子为掌状复叶，不裂开。

▲雌花序 雌花也没有花瓣。图为园艺品种"火烈鸟"

▼雄花序 叶子长开之前，如细丝般的细花柄的先端会开出雄花。没有花瓣，因而紫褐色的花药显得尤为夺目。

🌿 **叶形**	**别名**	复叶槭
长椭圆状卵形 复叶（小叶）	**分类**	无患子（槭树）科槭属
🌳 **树高**	**分布**	原产于北美洲
不规则形落叶乔木 15~20米	**花色**	黄绿色
	用途	庭院树、公园树、行道树

1	2	3	4	5	6	7	8	9	10	11	12
			花期				果实				

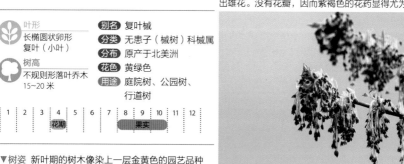

▼树姿 新叶期的树木像染上一层金黄色的园艺品种"金黄凯利斯"。枝条横向生长成大树。

金黄凯利斯

观 察

虽为槭树科植物，叶子呈掌状但不裂开。

紫 荆

长出叶子之前，枝干的结节处会长出紫红色的花束，整个枝干被花朵淹没。叶子的先端尖，整体呈心形，叶厚，表面有光泽，互生。花后扁扁的豆果簇拥生长，秋天成熟后变成紫褐色。品种有长出纯白花朵的"白花紫荆"；有带斑的紫红色叶子的"加拿大紫荆"等。

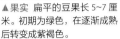
成年树

▲果实 扁平的豆果长 5~7 厘米。初期为绿色，在逐渐成熟后转变成紫褐色。

▲树皮 通常通过小而灰的圆形皮孔处进出空气。

▼叶 园艺品种"银云"的新叶带有白色的斑纹。

加拿大紫荆

叶形 圆形单叶	别名	裸枝树
	分类	豆科紫荆属
	分布	原产于中国
树高 株立形落叶灌木 2~4 米	花色	紫红色
	用途	庭院树、公园树

1	2	3	4	5	6	7	8	9	10	11	12
			花期						果实		

▼树姿 江户时代传入日本。日本称其为"花苏芳"，因该植物的花色与热带树木"苏木"的颜色相似而得名。

白花紫荆

观察

旗瓣之外还有翼瓣会翘起。与只有旗瓣会翘起的蝶形花不同。

贝利氏相思

会长出银灰色的羽状复叶。初春时期，金黄色的小花垂下绽放，覆盖了树枝的枝条。园艺品种"紫色贝利氏相思"的新梢和嫩叶为紫红色。同属的银荆为含羞草科植物，花朵可作为香水的原材料。此外，还有叶子细长的"三角叶相思"、穗状花序的"长花相思"等品种都可用作庭院树。

叶形
线形复叶（小叶）

树高
圆盖形常绿小乔木
5~10 米

别名 黄金银荆
分类 豆科金合欢属
分布 原产于澳大利亚东南部
花色 黄色
用途 庭院树、公园树、行道树

1	2	3	4	5	6	7	8	9	10	11	12
	花期							果实			

老树

▲树皮 灰绿色。年轻的树木树皮非常光滑，但是变成老树后树皮会变粗，出现裂痕。

▲▼叶 二回偶数羽状复叶。贝利氏相思（上）的羽片有 3~5 对，与之相比，银荆（下）的羽片为 10~20 对，并且羽片数较多，因此叶子较长。

银荆

▲果实 豆果长约 7 厘米，红褐色。

▼花 在法国，银荆开始开花后，会举办含羞草节以庆祝春天的到来，在该节日里会用到此花。

银荆

银荆

观·察

金黄色的小花聚集成球状，形成比叶子还长的总状花序。长而凸出的雄蕊格外夺目。

▲ 树姿 贝利氏相思在明治末期传入日本。叶子呈银灰色，十分美丽，因此日本称其为"银叶相思"。

▼ 叶 长 1~2 厘米 的三角状假叶的先端呈刺状，叶端尖锐。

紫色贝利氏相思

◀ 叶 园艺品种"紫色贝利氏相思"的新叶变成紫色，冬天到初春时期的叶色尤为漂亮。

三角叶相思

金雀花

细枝分枝多，形如扫帚。枝条为深绿色，有棱角，先端垂下，黄色的蝶形花在各个叶腋处各长1朵，使得整个植株被金黄色包围。叶子为由3片小叶组成的复叶。品种有花如红脸颊且带有朦胧美的园艺品种"红脸金雀花"，以及长白花的"白花金雀花"、小型的"姬金雀花"等。

姬金雀花

▲花 茎叶密生有白毛，从下到上开出花朵。

▲果实 豆果。最开始为绿色，成熟后变黑。

▼花 园艺品种"红脸金雀花"的花朵翼瓣染上了一层红色。

红脸金雀花

	叶形
	倒卵形至倒披针形复叶（小叶）
	树高
	株立形常绿落叶灌木 1~2米

别名	金雀儿
分类	豆科金雀儿属
分布	原产于欧洲
花色	黄色
用途	庭院树、公园树、绿篱

1	2	3	4	5	6	7	8	9	10	11	12
			花期					果实			

▼树姿 原产于欧洲，但在江户时代中期从中国传入日本，自此之后该树常用作庭院树。

观察
刚开花的花朵，其雄蕊和雌蕊被龙骨瓣包围，所以看不见。

观察
一旦有昆虫在花朵上停留，翼瓣和龙骨瓣就会展开，雄蕊和雌蕊便伸展出来授粉。

雌蕊

雄蕊

翼瓣

毒 豆

成串开出鲜黄色的花朵，长约 20 厘米，如藤蔓般垂下绽放。1 串上长有数十朵长 2 厘米的蝶形花，从基部开始开花。叶子是由 3 片小叶组成的复叶，互生。果实为线形的豆果。种子含有毒性很强的生物碱，为有毒植物。有花串长达 30 厘米以上的杂交种。

叶形	别名	金链花
椭圆形、倒卵形复叶（小叶）	分类	豆科毒豆属
树高	分布	原产于欧洲中部至南部
卵形落叶小乔木 5~8 米	花色	黄色
	用途	庭院树、公园树

1	2	3	4	5	6	7	8	9	10	11	12
				花期					果实		

▲叶 三出复叶。小叶长 3~8 厘米，背面被毛。

▼树姿 从斜向上生长的树枝上长出向下垂的黄色花串。金链花为该植物英文名的直译。

桂 樱

枝头的叶腋处长出约 10 厘米长的穗状花序，上有许多直径约为 1 厘米、散发芳香的白色花朵。花穗直立，花朵簇拥生长，形如动物的尾巴。深绿色的叶子长约 10 厘米，叶厚，革质，表面有光泽，互生生长。果实最初为红色，成熟后变为紫黑色。该植物品种繁多，如有矮生品种"狭叶桂樱"等。

叶形	别名	美国桂樱
长椭圆形单叶	分类	蔷薇科李属
树高	分布	原产于欧洲东南部、亚洲西部
卵形常绿灌木、小乔木 3~6 米	花色	白色
	用途	庭院树、公园树、绿篱

1	2	3	4	5	6	7	8	9	10	11	12
			花期			果实					

▶树皮 灰褐色，自生的黄土树树皮有剥落现象，桂樱无树皮剥落的情况。

成年树

▼花 白花密集生长成花穗，长约 10 厘米。多数雄蕊长长地凸出花外。

雄蕊

加拿大唐棣

在叶子长开之前，纯白色的花朵在枝条的一面开花。夏天果子成熟后变成红色，能够食用。该树是十分有人气的花树。卵形的叶子先端尖，叶缘具细锯齿，互生，秋天会变成黄叶。灰色的树皮表面平滑，冬天树姿美丽。春花、夏果、秋叶、冬树，一年四季人们都能观赏到该树的美丽。结实、易生长，也非常适合种植在狭窄的庭院里。

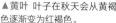

成年树

▲黄叶 叶子在秋天会从黄褐色逐渐变为红褐色。

▲树皮 光滑的灰色树皮。青年树的树皮为紫褐色。

▼果实 球形，从红色转变成紫黑色。味甜多汁，可生吃或做成果酱。

叶形	别名 美国唐棣
卵形至倒卵形单叶	分类 蔷薇科唐棣属
树高	分布 原产于北美洲
圆盖形落叶小乔木	花色 白色
3~5 米	用途 庭院树、公园树

1	2	3	4	5	6	7	8	9	10	11	12
			花期		果实					红叶	

▼树姿 长叶之前，白色的花朵覆盖整个树冠，齐齐绽放，展现出如雾霭般朦胧的美感。

观察

花有 5 片花瓣，数朵成蔟开放。

珍珠绣线菊

有很多呈弓状伸展的细枝条，其上开出许多单瓣的白花。枝条从植株的根部长出，并朝上生长。长出许多分枝之后枝头会垂下。叶细长，先端尖，叶缘具锐利的小锯齿，基本上没有叶柄，互生。品种有花瓣外侧为粉红色的红花品种。近亲品种中，笑靥花产于中国，花朵为重瓣花。

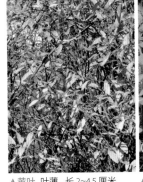

▲黄叶 叶薄，长 2~4.5 厘米，秋天变成黄叶。

▲树皮 暗灰色。从地际长出数根枝条。

成年树

▼花 笑靥花的叶子比珍珠绣线球更圆，互生，雄蕊和雌蕊均退化，花朵为重瓣花。

笑靥花

叶形	别名	雪柳
狭披针形单叶	分类	蔷薇科绣线菊属
树高	分布	日本本州至九州
株立形落叶灌木 1~2 米	花色	白色
	用途	庭院树、公园树

1	2	3	4	5	6	7	8	9	10	11	12
			花期						果实		

▼树姿 因为叶子如细柳，花朵如白雪，因而在日本又有"雪柳"之称。柔软的枝条被雪白的花朵覆盖。

观察

芽呈卵形，长 1~2 毫米，被紫红色或绿色的芽鳞包裹。

冬芽

棣棠花

在日本古籍《万叶集》里就有记载，自古就是人们观赏用的花木。柔软的枝条被山里的微风吹拂摇曳的姿态，被古时的人们称为"山挥"，因而，在日本又称"山吹"。日本室町时代的武将太田道灌的故事中有名的"重瓣棣棠"就是棣棠花中雄蕊变化成花瓣，不结果实的重瓣品种。此外，还有花泛黄的品种、白花品种等。

白棣棠花

▲叶 先端尖，叶薄，长4~8厘米，叶缘为锯齿状，互生。

▲花 白花品种为5瓣花，与4瓣的"白山吹(鸡麻)"不同。

▼花 比棣棠花的开花期略晚。雌蕊退化，雄蕊变成花瓣，成为重瓣花，不结果。

叶形	倒卵形单叶

树高	株立形落叶灌木 1~2米

别名	面影草
分类	蔷薇科棣棠花属
分布	日本北海道至九州
花色	黄色
用途	庭院树、公园树

1	2	3	4	5	6	7	8	9	10	11	12
			花期			果实					

▼花 直径3~5厘米，先端垂下的枝条上并排长满了花朵，齐齐绽放。5瓣花的先端微凹。

重瓣棣棠

果实

观·察

单瓣的棣棠花在9月会结出深褐色的成熟果实。

鸡 麻

日本称其为"白山吹"，有开出白花的棣棠花之意，但是其与棣棠花的属类不同，不是棣棠花的白花品种。树形、花和叶子虽然和棣棠花很像，但是该品种的花瓣为4片，叶脉凹进去可看到显眼的皱纹，卵形叶子对生，通过这些特征可以和棣棠花区分开来。果实一般为1朵花结4个果实，秋天果实成熟后会变成黑色，富有光泽，即使落叶，果实也会留在树枝上。

叶形		别名	白山吹
卵形单叶		分类	蔷薇科鸡麻属
		分布	日本本州
树高		花色	白色
株立形落叶灌木 1~2米		用途	庭院树、公园树

花期　果实

▲果实 椭圆形的瘦果，长7~8毫米。1朵花结出4个果实，秋天成熟后会变黑。

▼花 直径为3~4厘米。4片花瓣，每个枝头会开出1朵花，长4~10厘米的卵形叶子对生。

贴梗海棠

在叶子发芽之前，从初春时期开始，枝条上就长满了报春的花朵，十分华美。据传是在平安时代初期之前传入日本，作为药用植物栽培，但在江户时代以后，品种不断改良，现在有超过200种品种被栽培出来。像是有高度在1米以下的日本特产"草木瓜"等。无论是哪个品种，其结出的果实都带有香味。

叶形		别名	唐木瓜
椭圆形、长椭圆形单叶		分类	蔷薇科木瓜属
		分布	原产于中国
树高		花色	白、红、粉、橙、复色
株立形落叶灌木 2~3米		用途	庭院树、公园树、绿篱、盆栽

花期　果实

▲树姿 据说日本将该植物称为"木瓜"，是因为与中文的"木瓜"发音相近而得来的。花直径为2~5厘米，5瓣花。花色丰富。

草木瓜

◀花 5瓣花。分布于日本的本州至九州。枝干横向爬行或是斜向上生长，高30~100厘米，有草木瓜和地梨的叫法。

▼果实 长4~7厘米。很香，可做果酒。

桃花树

与作为果树栽培的桃树相对，以赏花为目的进行改良的叫作桃花树。从平安时代开始，阴历三月初三，日本百姓习惯用桃花做装饰，是现在日本的女儿节中祈求女孩无病无灾所不能缺少的花朵。桃花树的果实一般较小，有苦味，不能食用，但有花大、量多，花朵为重瓣花的品种。

▲冬芽 长卵形，被灰白色的毛。

菊桃

▲花 长出许多粉色的细花瓣的园艺品种。

▼叶 深绿色，先端尖，长 7~16 厘米的细长叶子互生，叶柄长 1~1.5 厘米。

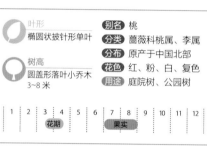

叶柄

| 叶形 | 椭圆状披针形单叶 |
| 树高 | 圆盖形落叶小乔木 3~8 米 |

别名 桃
分类 蔷薇科桃属、李属
分布 原产于中国北部
花色 红、粉、白、复色
用途 庭院树、公园树

1	2	3	4	5	6	7	8	9	10	11	12
		花期				果实					

▼树姿 枝条横向扩展，如倒立的扫帚，适合种植在狭窄的庭院里。花色有红、粉、白 3 种。

照手桃

观察
一般种的花瓣为 5 片，基本上没有花柄。

野山楂

1734年，野山楂作为药用植物传到日本。春天，带刺的枝头开出白色的花朵，秋天结出或红色或黄色的成熟果子。像原产于欧洲、开出许多红色重瓣花的西洋山楂品种"重瓣红花山楂"，直径为2.5厘米、结出大果的"大果山楂"等品种都可种植在庭院里。

	别名	五月花
叶形 倒卵形、宽倒卵形单叶	分类	蔷薇科山楂属
	分布	原产于中国中南部
树高 圆盖形落叶灌木 1.5~2米	花色	白色
	用途	庭院树、公园树

1	2	3	4	5	6	7	8	9	10	11	12
			花期					果实			

重瓣红花山楂

▲花 重瓣红花十分华丽，但不结果。

▼花 5瓣花，直径为1.5~2厘米。在欧洲又称为"五月花"。小图为可药用的果实。

麻叶绣线菊

长出许多白色的花朵，仿佛将细枝、叶子都隐藏了起来，垂枝优雅动人。花直径约为1厘米，20多朵花呈半球状在枝头上开放。有重瓣花品种。叶长2.5~4厘米，正面为深绿色，背面带白色、无毛。嫩枝为暗红褐色。与同属的珍珠绣线菊相似，但麻叶绣线菊开花较晚。

	别名	小绣球花
叶形 菱状披针形、菱状长椭圆形单叶	分类	蔷薇科绣线菊属
	分布	原产于中国中部
树高 株立形落叶灌木 1.5~2米	花色	白色
	用途	庭院树、公园树

1	2	3	4	5	6	7	8	9	10	11	12
			花期								

斑纹麻叶绣线菊

▲叶 叶子为粉色或白色，带斑的园艺品种，特别是在发芽时期，叶子尤为美丽。

▼树姿 日本称其为"小绣球花"，因为该花呈球状簇拥绽放，形如小绣球而得名。从地际长出枝条，逐渐变成大株。

光叶石楠

是可用作绿篱的树木，带红色的新芽和新叶十分美丽。日本《枕草子》一书中，将光叶石楠称为"田荞麦树"，作者清少纳言赞美了从绿叶中露出新红叶的这份美丽。该树初夏时期开出白色花朵，秋天结出红色的果实。最近，常见的品种有原种的近亲品种、石楠的杂种——"红色罗宾"，其新叶的红色比普通的品种更为鲜艳。

正面　背面

▲叶 叶厚，革质，长6~12厘米。叶缘为小锯齿状，互生。

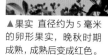

▲果实 直径约为5毫米的卵形果实，晚秋时期成熟，成熟后变成红色。

	叶形		
	长椭圆形至倒卵状椭圆形单叶	别名	扇骨木
		分类	蔷薇科石楠属
	树高	分布	日本本州（东海以西）至九州
	卵形常绿小乔木3~10米	花色	白色
		用途	庭院树、公园树、绿篱

1	2	3	4	5	6	7	8	9	10	11	12
				花期					果实		

▼花 直径约为1厘米的5瓣花在枝头簇拥绽放，大多数雄蕊都十分夺目。

▼叶 新西兰培育出的"红色罗宾"叶大，鲜艳的红色新叶是该品种的主要特征。

红色罗宾

观察

在植株的生长期，若多次进行修剪，会长出深红色的新叶。

庭樱

日本室町时代栽培出来的树木。长出叶子的同时或是长出叶子之前，会在细枝上长出白色或浅红色的花朵，并齐齐绽放。仔细观察，还能发现这是无雄蕊、雌蕊的重瓣花，不结果。先端尖锐的细长叶子表面有皱纹，叶缘具细锯齿。还有开出单瓣花的品种，叫"单瓣庭樱"。

叶形	别名	朱华	
长椭圆形至长椭圆状披针形单叶	分类	蔷薇科樱属	
树高	分布	原产于中国中部至北部	
株立形落叶灌木 1~1.5 米	花色	白、浅粉色	
	用途	庭院树、公园树	

1	2	3	4	5	6	7	8	9	10	11	12
			花期								

▲叶 叶子细长，叶缘具细锯齿。

▲花 带有5片花瓣的单瓣花，有长约1厘米的柄。

◀花 一般为重瓣花，直径为1.3~1.5厘米。不结果，是春天颇具人气的花树。

白鹃梅

白色、接近圆形的5瓣花。枝头上会长出6~10朵花，朝上绽放。先端的圆叶长4~6厘米，叶正面为亮绿色，背面微泛白，叶子的先端带点锯齿，叶薄、无毛。花朵美丽动人，是日本茶道鼻祖千利休喜爱使用的花朵，因而日本又称之为"利休梅"。除了适合在庭院种植外，还常被人用作茶席上的装饰花。

叶形	别名	白绢梅、金瓜果	
椭圆形单叶	分类	蔷薇科白鹃梅属	
树高	分布	原产于中国中部	
株立形落叶灌木 3~4 米	花色	白色	
	用途	庭院树、公园树	

1	2	3	4	5	6	7	8	9	10	11	12
			花期			果实					

▲果实 蒴果，呈长1~1.2厘米的倒卵形，尖尖的5个角尤为夺目。

▼花 直径约为4厘米的5瓣花，花瓣基部窄，呈扇形。与染井吉野樱花期相近。

垂丝海棠

在重瓣樱绽放之际长出嫩叶，同时浅红色的单瓣或半重瓣花在长长的花柄先端朝下绽放，因而得名"垂丝海棠"。该花又名"花海棠"，据说唐玄宗在看到杨贵妃刚睡醒时那娇艳的姿容，把她比喻成"花海棠"。因此垂丝海棠自古又是形容美人的花朵。硬叶长 3~8 厘米，呈椭圆形至卵形，互生。

叶形		别名	海棠、花海棠
椭圆形至卵形单叶		分类	蔷薇科苹果属
		分布	原产于中国
树高		花色	浅红色
不规则形落叶小乔木 1.5~5 米		用途	庭院树、公园树

1	2	3	4	5	6	7	8	9	10	11	12
			花期						果实		

▲果实 直径为 5~9 毫米的球形。但是多为雄蕊退化的花朵，所以很少结果。

▼花 花蕾为深红色，但开花后变成浅红色。带紫色的花柄长 3~6 厘米，花朵朝下开放。

无毛风箱果

是最近常见的庭院树木。叶子呈深紫红色的园艺品种"恶魔"、叶子呈金黄色的"黄无毛风箱果"等，都是因叶色独特而颇具人气的品种。长有很多形似麻叶绣线菊的花朵，但比较大。花簇拥生长，呈半球状，直径可达 6.5 厘米。叶长 5~9 厘米，叶缘有锯齿，叶子 3~5 裂或是不分裂的都有，混合生长。

叶形		别名	九皮树
宽卵形单叶		分类	蔷薇科风箱果属
		分布	原产于北美洲东部
树高		花色	白色
株立形落叶灌木 1.5~2 米		用途	庭院树、公园树

1	2	3	4	5	6	7	8	9	10	11	12
					花期		果实				

黄无毛风箱果

▲花 长出叶子后开花。数朵 5 瓣花聚集成半球状，凸出的雄蕊尤为夺目。

▼果实 袋果，成熟后变红，无花期也能观赏到铜色的叶子。

恶魔

蔷薇（灌木型）

多彩的花朵，拥有丰富的花色，有"花中女王"的称号，是爱与美的象征。现栽培的蔷薇，是自生于北半球的野生种经过改良后的园艺品种。品种超过1万多种。灌木型蔷薇的品种有杂交茶香月季、丰花蔷薇、迷你蔷薇等，花的大小和开花方式各异。

托叶

▲叶 奇数羽状复叶，互生，叶柄基部长有托叶。

▲果实 结出"蔷薇果"。

▼花 杂交茶香月季的品种"约翰·施特劳斯"，开出粉色花瓣的优雅大花。

约翰·施特劳斯

叶形	椭圆形、倒卵形复叶（小叶）
别名	玫瑰、野蔷薇
分类	蔷薇科蔷薇属
分布	北半球的亚寒带至热带地区
花色	红、粉、橙、黄、紫、白、复色
树高	株立形半常绿落叶灌木 1~1.5米
用途	庭院树、公园树、绿篱

1	2	3	4	5	6	7	8	9	10	11	12
						花期				果实	

▼花 从克里特岛的壁画中可知，公元前1500年左右，该花就被人们用作观赏植物了。

杂交茶香月季"和平"

穗序蜡瓣花

日本叫"土佐水木",是在土佐(日本高知县)自生的树木。常种植在庭院或公园里。6~10朵花呈穗状花序垂下来,长出叶子之前开花。雄蕊的花药为暗红色,与黄色的花朵交相辉映。分散的分枝曲折伸展,圆叶柄上被毛。圆果成熟后裂成两半。

叶形
卵形、倒卵形
单叶

树高
株立形落叶灌木
2~4米

别名 无
分类 金缕梅科蜡瓣花属
分布 日本四国(高知县)
花色 浅黄色
用途 庭院树、公园树、盆栽

1	2	3	4	5	6	7	8	9	10	11	12
		花期						果实			

▶ 幼果呈球形,直径约为1厘米。先端上有2个花柱呈角状。

▼花 5片花瓣。1朵花长约1厘米,花穗长约4厘米,轴上密生有毛。

少花蜡瓣花

与穗序蜡瓣花相似,但整体要小一些,细枝上分枝多,横向扩展,给人柔和的感觉。在叶子长出之前开花,2~3朵花呈穗状花序垂下来,花穗短。5瓣花,雄蕊比花瓣还要短,所以黄色的花药不外露。叶质薄,长2~3厘米,叶小,叶脉清晰。

叶形
卵形、宽卵形单叶

树高
株立形落叶灌木
1~3米

别名 姬水木、伊予水木
分类 金缕梅科蜡瓣花属
分布 日本本州(石川县至兵库县的日本海一侧)
花色 浅黄色
用途 庭院树、公园树、盆栽

1	2	3	4	5	6	7	8	9	10	11	12
		花期						果实			

▼花 1朵花长约1.5厘米。花穗短,为1~2厘米。花药为黄色,由此可与穗序蜡瓣花区别开来。小图为冬芽。

檵 木

柔软的枝条先端开满了如细丝带般的花朵，开花期整个植株都被花所覆盖。花朵与日本金缕梅有些相似，4 片带状花瓣无褶皱和弯曲的地方。基本种开白花，但也有品种的花朵呈深粉色，如"红花檵木"，是 20 世纪 60 年代从中国传到日本的人气品种，叶色有铜色、绿色 2 种类型。

红花檵木

▲叶 红花檵木有红叶品种和绿叶品种。

▲果实 嫩枝、嫩叶，果实呈卵圆形，被毛。

	叶形	别名	无
	椭圆形至卵状长椭圆形单叶	分类	金缕梅科檵木属
	树高	分布	日本静冈、三重和熊本县的部分地区
	卵形常绿小乔木 3~6 米	花色	黄白色
		用途	庭院树、公园树、行道树、绿篱

1	2	3	4	5	6	7	8	9	10	11	12
			花期						果实		

▼花 日本称其为"常盘满作"，其中的常盘有常绿之意。因花形似日本金缕梅，冬天叶子也是绿色的，而得此名。比日本金缕梅开花晚。

▼花 原产于中国的红花檵木，红色的花朵开满枝头。

红花檵木

观察

4 片带状花瓣，比日本金缕梅的花瓣更长、更宽。

白花品种

日本金缕梅

是在残雪尚未消融的山里，最早开花的树木，日本称其为"满作"。因其黄色带状的花朵在枝头上绽放的样子，又有"丰年满作"之称。叶长 5~10 厘米，波状的叶缘有锯齿，秋天有美丽的黄叶。日本金缕梅是基本种和中国原产的中国金缕梅杂交培育出来的品种，有深黄花品种和红花品种。

成年树

▲树皮 灰褐色，有细细的凹凸痕。

▲花芽 长约 3 毫米的卵圆形，柄先端长有 2~4 个花芽。

叶形
菱状圆形至宽卵形单叶

树高
不规则形落叶灌木、小乔木
2~5 米

别名	木里香
分类	金缕梅科金缕梅属
分布	日本本州至九州
花色	黄、红、橙色
用途	庭院树、公园树、盆栽

1	2	3	4	5	6	7	8	9	10	11	12
	花期				果实				红叶		

◀叶 长 5~10 厘米。左右不对称，波状叶缘上有锯齿。

▼花 花香，柠檬黄色的大花在枝条上簇拥绽放，图为中国金缕梅的园艺品种"帕里达"。

戴安娜

▲花 红花品种的代表"戴安娜"，是比日本金缕梅的花还要大的人气品种。

▼花 带花香的数朵花簇拥绽放。花还在开的时候仍有枯叶是该树的特征。

中国金缕梅

中国金缕梅"帕里达"

观察

弯曲的细花瓣有4
片，深紫色的萼片
也有4片。

▲树姿 枝条横向伸展。虽然花很小，但在长出叶子之前会开出
许多花，十分美丽夺目。

◀叶 歪曲的倒
卵形叶子，长
8~16厘米。比
金缕梅要大，
叶背面密生有
灰白色的毛。

▼花 只有花瓣的基部为红色的"锦色金缕梅"。

中国金缕梅

上面

背面

锦色金缕梅

齿叶溲疏

从万叶时代就为人们所熟悉的树木，在日本阴历四月（卯月）绽放，因而在日本又叫"卯之花"。枝头的纯白色穗状花序齐齐绽放。花呈钟形，5 片花瓣。此外还有为重瓣花，且花瓣外侧带紫红色的"印花齿叶溲疏"。叶厚，先端长而尖，呈卵形，叶子的两面都被毛，触感有些粗糙。果实一直都生长在枝条上。

▲果实 碗形，先端凹陷，有刺状的花柱。

▲树皮 灰褐色，时间久了会剥落。

▼花 印花齿叶溲疏的花瓣外侧带红色，内侧为白色，是美丽的重瓣花品种。

印花齿叶溲疏

	叶形
	椭圆形至卵状披针形单叶
	树高
	株立形落叶灌木 1~3 米

别名	卯之花、空木
分类	绣球（虎耳草）科溲疏属
分布	日本北海道至九州
花色	白色
用途	庭院树、公园树、绿篱

1	2	3	4	5	6	7	8	9	10	11	12
				花期					果实		

▼花 直径约为 1 厘米，朝下绽放，5 片花瓣不能平开。雄蕊的花丝上长有翅。

花丝

观察

剪掉枝条后可发现枝条内为空心，因而日本称该树木为"空木"。这也是溲疏属植物的特征。

细梗溲疏

日本的固有品种，整体小型，树姿温柔，花量多。适合种植在庭院或盆栽观赏用。细枝分枝多，枝头长满许多白色的花朵，朝下绽放。叶子先端尖而薄，叶缘有锯齿，叶序对生。叶子正面被毛，触感粗糙，但背面无毛，这是与其他溲疏属植物区分开来的一大特征。

叶形 长椭圆形、披针形至狭卵形单叶

树高 株立形落叶灌木 1~1.5 米

别名 无
分类 绣球（虎耳草）科溲疏属
分布 日本关东地区至九州
花色 白色
用途 庭院树、公园树

1	2	3	4	5	6	7	8	9	10	11	12
			花期						果实		

▲叶 叶绿，质薄，先端长而尖，长 4~8 厘米。叶柄长 3~7 毫米，对生。

▼花 5 片花瓣，直径约为 1.5 厘米。长度不同的 10 条雄蕊花丝上带有翅和角。

卵叶溲疏

日本的固有品种。因比齿叶溲疏的叶子更圆一些而得名。细枝分枝多，枝头长有许多白色的花朵，花向上生长。紫褐色的嫩枝和叶子的两面都密生有毛，触感粗糙。叶对生，下叶有柄，但在开花的时候，长在枝条上的叶子无叶柄，基部有枝条是与齿叶溲疏、细梗溲疏的区别之处。

叶形 椭圆形、卵形单叶

树高 株立形落叶灌木 1~1.5 米

别名 筑紫溲疏
分类 绣球（虎耳草）科溲疏属
分布 日本本州（关东以西）至九州
花色 白色
用途 庭院树、公园树

1	2	3	4	5	6	7	8	9	10	11	12
			花期						果实		

▲叶 长 3.5~6 厘米，叶缘有锯齿，叶子正面的叶脉凹陷。嫩枝呈紫褐色。

▼花 直径约为 1 厘米，5 片花瓣，平开。雄蕊的花丝有翅无角。

梅花溲疏

茎中空，花似梅花，因而在日本叫"梅花空木"。5 瓣花，10 枚雄蕊，而溲疏属植物的花瓣为 4 片，有许多雄蕊。枝条分成 2 个叉，叶卵形、对生。该属类中，有大花的"西洋梅花溲疏"，重瓣且花朵带有浓烈香气的园艺品种"铃星"。

叶形
宽卵形至椭圆状卵形单叶

树高
株立形落叶灌木
1~3 米

别名 金叶山梅花
分类 绣球（虎耳草）科山梅花属
分布 日本本州至九州
花色 白色
用途 庭院树、公园树

1	2	3	4	5	6	7	8	9	10	11	12
				花期				果实			

西洋梅花溲疏

▲花 花底的红色由浓渐淡的"百丽多华"。

▼花 直径约为 3 厘米，雄蕊约 20 枚前后平开。枝头开出 5~9 朵花。

攀缘绣球

日本又称其为"额空木"，日语名字中的"额"其实是"额绣球花"的缩语，树形像溲疏（日本叫"空木"），因而得此名。枝头长出像"额绣球花"的花朵。看似白色装饰花的花瓣实则为萼片，一般为 3 片。花序的中心有能结果的小花，从浅黄绿色至黄色。叶质微薄，正面呈带青色的深绿色，有光泽。

叶形
卵状椭圆形、长椭圆形单叶

树高
株立形落叶灌木
1~1.5 米

别名 额空木
分类 绣球（虎耳草）科绣球属
分布 日本本州（关东以西）至九州
花色 白色（萼片）
用途 庭院树、公园树

1	2	3	4	5	6	7	8	9	10	11	12
				花期				果实			

▲叶 长 4~7 厘米，先端尖，对生，有独特的金属光泽。嫩枝为紫褐色。

▼花 花序直径为 7~10 厘米，白色的萼片作为夺目的装饰花，大小不一，偶尔有 4 片。

月桂

枝叶带有独特的芳香,所以有"月桂"之称。可作为香料、香辛料。传说为古希腊的太阳神阿波罗的树,古希腊人会用月桂的枝条编织成桂冠,并授予竞技得冠的人。带有芳香的黄白色小花在叶腋上簇拥绽放。雌雄异株,但在日本因为雌株较少,所以看到结果的机会也比较少。

叶形 长椭圆形至狭长椭圆形单叶	**别名** 桂冠树、甜月桂
	分类 樟科月桂属
树高 椭圆形常绿乔木 5~10 米	**分布** 原产于地中海沿岸
	花色 黄白色
	用途 庭木、公园树、绿篱

1	2	3	4	5	6	7	8	9	10	11	12
			花期						果实		

▲雌花序 花被片有 4 片,着生在叶腋处,小图为暗紫色的成熟果实。

▼雄花序 8~12 枚雄蕊凸出来。叶硬、革质,长约 10 厘米,叶缘带波纹。

日本莽草

全身有毒,特别是果实含有剧毒,在日本称为"樒"。着生有叶子的根部聚集生长有数朵带芳香味的花朵。外侧短而宽,形如花瓣的为花萼,内侧细细的片状物才为花瓣。叶子带有独特的香气,树皮和叶子可作为末香、线香的原料。花朵美丽,与日本莽草同属,产于中国的"红茴香"就常被种植在庭院内。

叶形 长椭圆形至狭长椭圆形单叶	**别名** 樒
	分类 五味子科八角属
树高 卵形常绿灌木、小乔木 2~5 米	**分布** 日本本州至冲绳
	花色 浅黄白色
	用途 庭院树、公园树、绿篱

1	2	3	4	5	6	7	8	9	10	11	12
		花期							果实		

花萼

花瓣

▲花 直径约为 3 厘米,有线状椭圆形花瓣 10~20 片。

▼叶 长 4~10 厘米,厚且光滑。聚集在枝头,互生。小图为含有剧毒的果实。

台湾十大功劳

如柊树般，叶子带刺，树姿形似南天竹，因而在日本称为"柊南天"。枝头长满了黄色的小花，呈伞状花序，花朝下垂。花瓣有6片，先端2裂。有6片花萼，呈黄色，可以看到花瓣。杂交种"慈爱"为冬天开花的大型品种，穗状花序长30厘米，花朵华丽绽放。

叶形
卵状披针形（小叶）复叶

树高
株立形常绿灌木
1~3米

别名	柊南天
分类	小檗科十大功劳属
分布	原产于中国
花色	黄色
用途	庭院树、公园树、绿篱

1	2	3	4	5	6	7	8	9	10	11	12
		花期			果实						

果实

▲树姿 花穗长10~15厘米。叶子长30~40厘米，奇数羽状复叶，冬天寒冷时期叶子会变色。

▼花 在花少的11月~第二年1月，带有香气的深黄色花朵呈穗状花序，数根朝上生长。

慈爱

日本小檗

带棱角的红褐色枝条分枝茂密，因为煎煮枝叶后可用来洗眼睛，所以在日本有"目木"之称。枝叶的基部带有尖锐的刺，小鸟也没法在其枝条上停留，因而又称为"小鸟不停"。黄色的小花朝下开，着生在枝条上，顺着下垂的枝条开花。花瓣和萼片都各为6片，萼片长似花瓣。秋天长出红果，叶变红，具有观赏价值。

叶形
倒卵形、椭圆形单叶

树高
株立形落叶灌木
1~2米

别名	小鸟不停
分类	小檗科小檗属
分布	原产于日本
花色	黄色
用途	庭院树、公园树、绿篱

1	2	3	4	5	6	7	8	9	10	11	12
			花期						果实		
									红叶		

▲花 直径约为6毫米，嫩叶长出后2~4朵花朝下开放。萼片带有少许的红色。

▼红叶 长1~5厘米，呈束状。有红叶和金黄叶2个品种。小图为成熟的红色果实。

牡 丹

中国名花，有"花中之王""花神"等美誉。古时由中国传到日本，相关历史记载在日本的《蜻蛉日记》《枕草子》中，日本平安时代用作观赏植物。花色丰富，有单瓣、重瓣、千重、万重等类型，多彩的花形富有魅力。品种有 1~2 月开花的"寒牡丹"等。叶子互生，小叶先端 2~3 裂。

▲叶 二回三出羽状复叶，表面绿色无毛，但无光泽。　▲幼果 袋果。成熟后变为黑色，并且会裂开。

▼树姿 寒冬时期开花，所以得名"寒牡丹"，冬天围上防冻的稻草，展现出独特的姿态，别具风情。

叶形 卵形、卵状披针形（小叶）复叶	别名	洛阳花、富贵花
	分类	芍药科芍药属
树高 株立形落叶灌木 1.5~2 米	分布	原产于中国
	花色	红、桃、黄、橙、白、绿、紫红、紫、复色
	用途	庭院树、公园树

1	2	3	4	5	6	7	8	9	10	11	12
				花期	果实						

▼花 园艺品种有很多，枝头开出 1 朵直径为 12~25 厘米的大花。花瓣宽大，先端有刻痕。

寒牡丹

观 察

牡丹的花蕾先端尖锐。花形如芍药，但芍药花先端圆而不尖。

玉 兰

古时由中国传到日本，是在庭院里种植的美丽花树。在长出叶子之前，会有暗紫色或白色的大花朝上开放。6瓣花，由内向外开花，不会全开。品种有花色较浅的"唐木兰"，树高20米、开出乳白色花朵的"白玉兰"，玉兰与白玉兰的杂交种"二乔木兰"等。

▲树皮 灰白色，无凹凸感，树皮光滑，但颜色较白玉兰的树皮更显褐色。

 叶形
倒卵形单叶

别名 紫玉兰、玉兰花
分类 木兰科木兰属
分布 原产于中国
花色 暗紫色
用途 庭院树、公园树

树高
株立形落叶灌木、小乔木
3~5米

1	2	3	4	5	6	7	8	9	10	11	12
			花期						果实		

二乔木兰

◀花芽 被白而长的软毛，花芽呈长卵形的二乔木兰。

▼花 别名"锦木兰"。花瓣外侧为紫红色，内侧为白色。形似白玉兰的圆形花朵在4月开放。

观 察

花的直径约为10厘米，花瓣内侧为浅紫色。与白玉兰不同，即使叶子生长出来，花朵仍旧开放。

▼花 唐木兰的花整体偏小，花瓣的内侧泛白。

二乔木兰

唐木兰

萼片

花瓣

观 察

3 片萼片和 6 片花瓣的颜色、形状、大小等都一样，所以看起来像 9 瓣花。

白玉兰

白玉兰

成年树

▲花 花香，叶子长出来之前开直径为 15 厘米的大花。在日本的"樱前线（樱花开花预测日期线）"之前开放，朝日本北上方向依次开放。

◀树皮 白玉兰的树皮平滑、呈灰白色。

▼叶 长 8~15 厘米的倒卵形叶，叶缘平滑，先端短而凸出，互生。

白玉兰

厚叶石斑木

叶子在小枝条上密生，轮生。花朵像梅花，因而在日本又叫"车轮梅"。新芽长出后，会开出飘香的5瓣白色花朵。园艺品种中有粉花的"红花厚叶石斑木"。抗公害和海风，所以一般在道路的分离带上种植。树皮等树材在日本的奄美大岛上会用来做大岛绸的染料。

▲果实 球形，直径约为1厘米。成熟后变成紫黑色，表面带白霜。

▼叶 长4~8厘米。叶厚硬，无毛，表面有光泽。在轮生的基础上互生。

叶形
长椭圆形至倒卵形单叶

树高
株立形常绿灌木、小乔木
1~4米

别名	车轮梅
分类	蔷薇科石斑木属
分布	日本本州至冲绳
花色	白色
用途	庭院树、公园树、行道树、绿篱

1	2	3	4	5	6	7	8	9	10	11	12
				花期					果实		

▼花 直径为1~1.5厘米。有5片圆圆的花瓣，在枝头上开出许多花朵。

观察
小枝呈轮生状，嫩枝和嫩叶、叶柄上会有棕色的软毛，之后会渐渐消失。

红花厚叶石斑木

四照花

长出叶子后会开出大白花，仿佛要覆盖掉整棵树一般。形如花瓣的白色部分实则为总苞片。花是在中心处的绿色小块。总苞片先端尖，卵形，从浅绿色渐变成白色。有总苞为红色的"红花四照花"、浅黄色的"喜马拉雅四照花"等品种。秋天果实成熟后会变成红色，还有美丽的红叶让人能感受到秋之美。

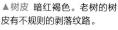

▲树皮 暗红褐色。老树的树皮有不规则的剥落纹路。

▲果实 球形的集合果。成熟后味甜，可生吃。

▼花 总苞片带有浅粉色的四照花叫作"红花四照花"。

叶形	宽椭圆形、宽卵状椭圆形单叶
树高	不规则形落叶乔木 5~15 米

别名	山荔枝
分类	山茱萸科山茱萸属
分布	日本本州至冲绳
花色	白色（总苞片）
用途	庭院树、公园树、行道树

1	2	3	4	5	6	7	8	9	10	11	12
				花期				果实			
									红叶		

▼树姿 四照花在日本又名"山法师"，是因为该树圆圆的花蕾如同法师的和尚头，白色的总苞片如同法师的头巾。

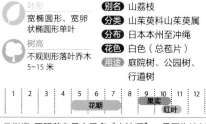

红花四照花

花
总苞片

观 察

白色的总苞片长3~6 厘米。与先端下凹的大花四照花不同，其总苞片的先端尖。

大花四照花

作为日本东京市市长尾崎行雄送给美国华盛顿市樱花树的回礼，1915 年美国送给日本大花四照花，成为美日友好的象征。横向伸展的小枝条先端会长出白色、浅红色的花朵，朝上开放。形如 4 片花瓣的部分为总苞片，先端凹陷。中央聚集的绿黄色小花才是真正的花朵。品种有其与四照花的杂交种斯黛拉系列等。

◀树皮 有灰褐色的细龟裂痕，触感粗糙。

成年树

▼花芽 枝头上一个接一个地生长出如葱头花般的花芽。

叶形 卵状椭圆形、卵圆形单叶	别名 美国四照花
	分类 山茱萸科山茱萸属
树高 卵形落叶乔木、小乔木 5~10 米	分布 原产于北美洲
	花色 白、浅红色（总苞片）
	用途 庭院树、公园树、行道树

1	2	3	4	5	6	7	8	9	10	11	12
			花期					果实			
								红叶			

杂交种 斯黛拉粉

▲叶 杂交种的红叶十分鲜艳。

彩虹

幼果

▲叶 红叶。

◀叶 园艺品种"彩虹"的叶子先端尖，叶缘波纹较少，相对平滑。

▼果实 红叶时期，成熟后的果实变红。

观 察

果实为浆果状的核果，不像四照花的果实那样大。

▲花 春天，形如花瓣的总苞片包裹着花，在树冠上绽放出许多花。秋天的成熟果实和红叶十分美丽。

◀花 长出叶子之前或在同时期开花。开花方式独特，每2片形如日本的澡布包袱被解开般开放。

看起来像花瓣的部分其实是总苞片。花非常小，聚集在中心部分开放。

▼花 园艺品种的白花品种。开出直径约为12厘米的大花。

白花捕手

总苞片

花

北美鹅掌楸

粗粗的树干直立生长，形成圆锥形的美丽树形，杯形的花朵朝上开放。黄绿色的花瓣基部有带橙色斑纹的花朵，形如郁金香。因而英文名为"Tulip Tree（郁金香树）"。有长达 10~15 厘米的大叶子，先端如被砍断了一样，呈独特的形状。因为叶形如日本传统服饰中的"袢缠（无翻领的短大褂）"，所以在日本又有"袢缠树"之称。

◀树皮 灰褐色，老树的树皮上会有纵向的细纹。

成年树

▼叶 平滑，薄而硬。呈掌状，4 或 6 浅裂，在长 3~6 厘米的长叶柄上互生。

叶形	别名	袢缠树、郁金香树
袢缠形单叶	分类	木兰科鹅掌楸属
	分布	原产于北美洲
树高	花色	黄绿色
圆锥形落叶乔木 20~30 米	用途	公园树、行道树

1	2	3	4	5	6	7	8	9	10	11	12
				花期					果实 红叶		

▼花 形态美丽的钟形花，直径为 5~6 厘米。花被片有 9 片，外侧的绿白色萼片有 3 片并卷翘起来。

▼黄叶 秋天的黄叶十分美丽。

观察
花瓣的基部为亮黄色，有很多线形的雄蕊和圆锥形的雌蕊。

钝叶杜鹃

自生于日本鹿儿岛县的雾岛地区，是山杜鹃中选拔出来的杜鹃花科植物。日本江户时代，以江户为中心在日本全国栽培开来，现在在日本各地还留有这些老树。直径为2~3厘米的小花齐齐开放。有开红色花的品种，还有花朵呈紫红色、白色的园艺品种等。叶厚而圆，表面有光泽。

▲树姿 呈株立状，枝条细，分枝繁多。

▲叶 长约2厘米，春天长出的叶子先端尖。

▼花 开出温柔的紫色单瓣花的园艺品种，开花时期，花量多到几乎看不到叶子。

叶形	椭圆形、卵状椭圆形单叶
树高	株立形常绿灌木 0.4~2米

别名	雾岛杜鹃
分类	杜鹃花科杜鹃花属
分布	园艺品种
花色	红、白、紫红色
用途	庭院树、公园树、绿篱

1	2	3	4	5	6	7	8	9	10	11	12
			花期						果实		

▼花 在日本江户时代培育出的品种，开紫红色的单瓣花。在欧美也常作为造园用树。

紫雾岛

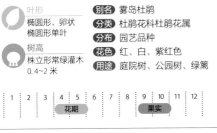

日出雾岛

久留米杜鹃

花色多样丰富，花量大，盛开时期整棵树都被花所覆盖。

- 叶形 长倒卵形至椭圆形单叶
- 树高 落叶小灌木　0.5~1 米
- 分类 杜鹃花科
- 分布 杂交种
- 花色 白、红、粉、复色
- 花期 4~5 月

黐杜鹃

别名：岩杜鹃

花柄、花萼等处的腺毛有黏性，是日本平安时代开始栽培的品种。

- 叶形 椭圆形至卵形单叶
- 树高 半常绿灌木　1~2 米
- 分类 杜鹃花科
- 分布 日本本州中部、四国
- 花色 浅粉紫色
- 花期 4~6 月

云仙杜鹃

花和叶都小，花直径约为1.5 厘米，有 5 枚雄蕊。

- 叶形 倒披针形、倒卵形单叶
- 树高 半常绿灌木　0.1~1 米
- 分类 杜鹃花科
- 分布 日本关东地区以西
- 花色 浅粉紫色
- 花期 4~5 月

平户杜鹃

紫红色杜鹃花的代表品种，大花、量多，开花时几乎将植株都覆盖起来。

- 叶形 长椭圆形单叶
- 树高 半常绿灌木　1~3 米
- 分类 杜鹃花科
- 分布 杂交种
- 花色 白、粉、深紫红色
- 花期 4~5 月

日本杜鹃

别名：鬼杜鹃

在长出叶子的同时，大花在枝头上簇拥绽放。落叶性植物。

- 叶形 倒披针形单叶
- 树高 落叶灌木　0.5~2.5 米
- 分类 杜鹃花科
- 分布 日本本州至九州
- 花色 橙红色
- 花期 5 月 ~7 月上旬

三叶杜鹃

在长出叶子之前，花朵开放。每个枝头长出 3 片叶子，轮生。

- 叶形 倒披针形、倒卵形单叶
- 树高 落叶灌木　1~3 米
- 分类 杜鹃花科
- 分布 日本本州（关东至近畿地区）
- 花色 紫红色
- 花期 4~5 月

山杜鹃

点缀春天山景的代表性杜鹃。开花期与叶子长出的时期一样。

- （叶形）椭圆形、卵状椭圆形单叶
- （树高）半常绿灌木 1~3米
- （分类）杜鹃花科
- （分布）日本北海道至九州
- （花色）红色
- （花期）4~6月

雄杜鹃

别名：筑紫赤杜鹃

整体大型的杜鹃花科植物，在枝头长出3片叶子的同时，花朵开放。

- （叶形）菱状圆形、卵圆形单叶
- （树高）落叶灌木、小乔木 2~8米
- （分类）杜鹃花科
- （分布）日本近畿地区至九州
- （花色）赤红色
- （花期）4月下旬~6月

白八潮

别名：五叶杜鹃、松肌

枝头有5片叶子，轮生，白色动人的花朵垂下开放。

- （叶形）菱状卵形单叶
- （树高）落叶灌木、乔木 4~7米
- （分类）杜鹃花科
- （分布）日本本州（岩手县以南的近太平洋一侧）、四国
- （花色）白色 （花期）5月下旬~6月

红八潮

别名：红木杜鹃

花朵在叶子长出之前向下开放。花柄有腺毛。

- （叶形）阔椭圆形单叶
- （树高）落叶灌木 2~6米
- （分类）杜鹃花科
- （分布）日本本州（福岛县至三重县的近太平洋一侧）
- （花色）浅紫红色 （花期）4~5月

阴地杜鹃

别名：泽照

日本野生的杜鹃类植物中，只有该品种会开出黄色的花朵。

- （叶形）披针形至长椭圆形单叶
- （树高）常绿灌木 1~2米
- （分类）杜鹃花科
- （分布）日本本州（关东地区以西）至九州
- （花色）浅黄色 （花期）4~5月

藤杜鹃

别名：雌杜鹃、日向杜鹃

枝条纤细。小型的浅紫色花朵在早春时期开放。

- （叶形）披针形、长椭圆形单叶
- （树高）半常绿灌木 1~2米
- （分类）杜鹃花科
- （分布）日本本州（纪伊半岛）至九州
- （花色）浅紫红色
- （花期）3~5月

珙 桐

19世纪后半期，法国神父阿尔芒·戴维德在中国发现该植物，也是他将熊猫介绍到欧洲的。其花朵就像白色的手帕往下垂放的样子，因而在日本叫作"手帕树"；同时，又因为花朵随风摇曳的样子像白鸽在空中飞舞，所以也有"鸽子树"的叫法。看起来像花的部分，其实是2片白色的苞片，它们组合在一起的地方开出球状的花朵。

▲果实 直径为3~4厘米的长卵形核果，秋天成熟后为棕色。

▲树皮 灰褐色，竖鳞状纹路薄薄剥落。

▼叶 叶质薄，长9~15厘米。先端长而尖，叶缘有锯齿，长叶柄上互生。

叶形
宽卵形单叶

树高
卵形落叶乔木
15~20米

别名	鸽子树、水梨子
分类	山茱萸科珙桐属
分布	中国西南部
花色	白色（苞片）
用途	庭院树、公园树

1	2	3	4	5	6	7	8	9	10	11	12
			花期					果实			

▼花 苞片长6~15厘米，花变老，结出小绿果的时候看起来会更白。

苞片

花

观察

花直径约为2厘米，呈球形，没有花瓣，有许多雄花和1朵雌花。

流苏树

在自生地中有限的珍贵树木之一，也叫茶叶树。日本称其为"一叶田子"，其中的"田子"是日本梣树的别名，因为流苏树的叶子和日本梣树的叶子相似，但日本梣树的叶子为复叶，而流苏树的叶子为单叶，所以在日本流苏树叫"一叶田子"。在流苏树新枝的枝头上，白花簇拥绽放，犹如积雪般，十分壮观。叶缘平滑，但青年树的叶缘有锯齿。

成年树

▲树皮 暗灰褐色，软木层发达，树皮有竖纹。

▲叶 长 4~10 厘米。叶先端不尖。

▼花 比流苏树的花、叶都要大，花量更多。

美国流苏树

叶形		别名	茶叶树
长椭圆形至宽卵形单叶		分类	木犀科流苏树属
树高		分布	日本长野县、爱知县、岐阜县、长崎县对马岛
卵形落叶乔木 25~30 米		花色	白色
		用途	庭院树、公园树

1	2	3	4	5	6	7	8	9	10	11	12
				花期					果实		

▼树姿 流苏树开花的时候和梣属植物相似。

观察

花瓣 4 深裂，所以细长的花瓣看起来像有 4 片。

梅

春天先开的花之一，在寒冷的天气中开放，独有一份傲骨之气。动人且散发出高贵的香气，所以自古以来就深受人们的喜爱。日本万叶时代人们还有观赏梅树的乐趣。有许多园艺品种，分为以赏花为主的"花梅"和以收获果实为主的"果梅"两大类。"花梅"类的梅树花大而美的品种有很多，有的枝条下垂，有的则枝条向上伸展。

叶形		
倒卵形、椭圆形单叶		

树高		
不规则形落叶小乔木、乔木 5~10 米		

别名	梅树
分类	蔷薇科杏属、樱属
分布	原产于中国中部
花色	白、红、粉色
用途	庭院树、公园树、盆栽、果树

1	2	3	4	5	6	7	8	9	10	11	12
	花期				果实						

▼花 长出叶子之前，开出直径为 2~3 厘米的芳香花朵。一般有 5 片花瓣，先端圆。

成年树

▲果实 球形，直径为 2~3 厘米。表面密生有细毛。

▲树皮 暗灰色，有纵向不规则的裂纹。

▼叶 长 4~9 厘米。先端尖，叶缘有细锯齿，叶柄上的叶互生。晚秋叶子变黄。

红梅系的鹿儿岛红

观察

花朵一般为白色，但是也有红色、浅红色的品种。基本上没有花柄。

山樱花

初春乍寒还暖之时开花。在长出叶子之前，有半开的花朵从枝条上垂下来。花后，花瓣与萼筒一起掉落，并不会散掉。

- **叶形** 长椭圆形至椭圆形单叶
- **树高** 落叶小乔木　5~7米
- **分类** 蔷薇科
- **分布** 中国南部
- **花色** 深紫红色
- **花期** 1~3月

河津樱

由山樱花与其他植物杂交获得的品种，比染井吉野樱的花色要更深一些，叶子长出之前开花。圆形的花瓣先端有刻痕。

- **叶形** 椭圆形、椭圆状倒卵形单叶
- **树高** 落叶小乔木　2米
- **分类** 蔷薇科
- **分布** 杂交种
- **花色** 浅紫红色
- **花期** 2月下旬~3月中旬

江户彼岸樱

别名：东彼岸、姥彼岸

春天在彼岸处开花，所以称为"彼岸樱"。花在叶子长出来之前开放，萼筒膨胀是该植物的特征，是樱花中寿命较长的大树。

- **叶形** 长椭圆形至狭倒卵形单叶
- **树高** 落叶乔木　15~20米
- **分类** 蔷薇科
- **分布** 日本本州至九州
- **花色** 浅红、白色
- **花期** 3~4月

十月樱

别名：御会式樱

在日本10月左右开花，冬天小花就开始断断续续地开放，4月再次开出许多花朵。春天的花朵比秋天的花朵要大，花柄也更长一些。

- **叶形** 长椭圆形、长椭圆状倒卵形单叶
- **树高** 落叶小乔木　5米
- **分类** 蔷薇科
- **分布** 园艺品种
- **花色** 浅紫粉色
- **花期** 10月~第二年4月上旬

秋天的花朵

日本山樱

名字意为在山中生长的樱花，是日本自生的代表性樱花树。在染井吉野樱普及之前是人们主要的赏樱对象。在日本奈良县的吉野山和京都岚山等名胜之地，该植物相当有名。在长出带红、黄色嫩叶的同时，会开出白色或是极浅的粉色小花。木材细密、飘香，常用来做日本浮世绘的版木。

成年树

▲果实 核果，直径为7~8毫米，呈球状。果实由红变紫黑色逐渐成熟。

▲树皮 暗褐色，有横向的长皮孔。

▼叶 长8~12厘米，在红色的叶柄上互生。先端尖，呈尾状，叶缘有细锯齿。

叶形		别名	无
长椭圆形至卵形单叶		分类	蔷薇科樱属
树高		分布	日本本州至九州
圆盖形落叶乔木15~25米		花色	白、浅红色
		用途	庭院树、公园树、行道树

1	2	3	4	5	6	7	8	9	10	11	12
		花期		果实					红叶		

▼开花 开花比染井吉野樱晚，新叶一般泛红，是其一大特征。与花朵的颜色相搭，十分美丽。

观察

直径为2.5~3.5厘米，花小。花瓣先端有缺刻。

大山樱

因比日本山樱的花和叶要大而得名。多见于日本北海道，也被称为"虾夷山樱"。树干颜色比其他樱花树的要黑一些是该植物的特征。花直径为 3~4.5 厘米，花大，几乎在叶子长出的同时开花。比山樱的花色要深，新叶的颜色一般为单一的红色。叶子在秋天变为鲜艳的红叶。

成年树

▲ 树皮 暗紫褐色，轮状的皮孔比较显眼。

▲ 花 5 片花瓣。在带红色的叶子长出的同时开花。

▼ 叶 叶质厚，长 8~15 厘米。先端呈尾状，长长伸展，基部呈心形，叶缘锯齿较粗。

叶形	别名	虾夷山樱、红山樱
椭圆形至倒卵状椭圆形单叶	分类	蔷薇科樱属
树高	分布	日本北海道、本州、四国（石锤山）
圆盖形落叶乔木 10~15 米	花色	红、浅红色
	用途	庭院树、公园树

1	2	3	4	5	6	7	8	9	10	11	12
			花期						红叶		
			果实								

▼ 开花 比山樱的花色要深，别名红山樱。花在叶子长出的同时绽放。

染井吉野樱

常种植在日本各地的公园中，或是作为行道树。是樱花树的代表，是由江户彼岸樱和大岛樱自然杂交培育出来的品种。在长出绿色的嫩叶之前，树枝上长满了花朵，并华丽盛放。虽然花量大，但是结果少。主要靠扦插繁殖，所以在日本常见的染井吉野樱都来自同一个亲本。

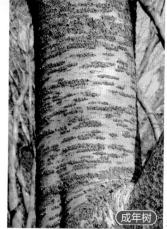

◀树皮 暗灰色，有许多横生的皮孔。成年树的树皮凹凸得比较显眼。

成年树

叶形	阔卵状椭圆形 单叶
树高	圆盖形落叶乔木 10~15米
别名	无
分类	蔷薇科樱属
分布	园艺品种
花色	浅红色
用途	庭院树、公园树、行道树

1	2	3	4	5	6	7	8	9	10	11	12
		花期		果实					红叶		

▼红叶 一棵树上混杂有红叶和黄叶。

蜜腺

▲叶 长8~12厘米，互生。先端尖，叶缘有锋利的锯齿，叶基部和叶柄上部有1对蜜腺。

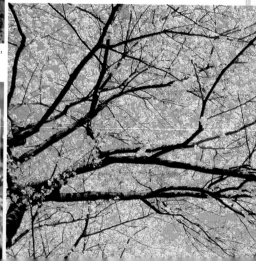

▼树姿 粗枝横向扩展，树形如撑开的遮阳伞。生长较快，但树的寿命也较短。

观察

花的直径约为4厘米，有5片花瓣。花柄上有毛，萼筒下部膨胀。

山樱

以大山樱为主体培育出来的园艺品种，自古就是在乡村种植的树木，所以得名山樱。有单瓣、重瓣、色香各异的品种。大部分品种为重瓣花，花瓣可以多达30片以上，是樱花中开花期最晚的树木，晚春时期开放。日本大阪造币局旁的樱花通道就是观赏山樱的胜地。

老树

▲树皮 灰褐色，横生的皮孔较多，老树的树皮会比较粗糙。

▲冬芽 冬芽被有着光滑硬皮的芽鳞覆盖。

▼花 花的直径达4厘米。长出叶子的同时也会开出罕见的浅黄绿色的樱花。

郁金

	叶形			别名	牡丹樱、重瓣樱
椭圆形至倒卵形单叶			分类	蔷薇科樱属
			分布	园艺品种
	树高		花色	白、红、浅红、浅黄绿色
圆盖形落叶小灌木、乔木 2~15米			用途	庭院树、公园树、行道树

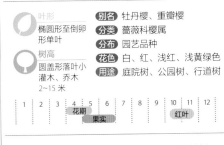

1	2	3	4	5	6	7	8	9	10	11	12
			花期						红叶		
				果实							

▼树姿 一般指园艺品种，多为重瓣花，微微鼓起、颜色鲜艳的花朵在树枝上盛放，好似要覆盖掉整棵树。

垂枝樱

由江户彼岸樱培育出来的园艺品种，细枝长长垂下来。在长出叶子之前，枝条上长满了粉色的花朵，春风摇曳的优美姿态惹人喜爱。是从日本平安时代就开始栽培的品种。花色深红的叫"红垂枝樱"；花瓣数量多的重瓣花品种叫"八重红垂枝樱"。日本福岛县三春町的"瀑布樱"就是红垂枝樱。

叶形
长椭圆形至倒披针形单叶

树高
垂枝形落叶乔木
20米

别名 瀑布樱花
分类 蔷薇科樱属
分布 园艺品种
花色 浅红色
用途 庭院树、公园树、行道树

1	2	3	4	5	6	7	8	9	10	11	12

花期　果实　　　　　　　　红叶

◄树皮 暗灰褐色，横向的长皮孔十分显眼。成为大树之后会有浅浅的竖裂纹。

成年树

▼花 红垂枝樱的花朵为紫红色，花瓣的先端往往颜色较深，比其他浅花色的樱花树开花晚。

红垂枝樱

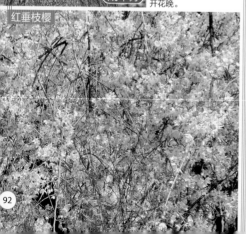

大岛樱

因是包括大岛在内的伊豆诸岛的特有樱花树而得名。染井吉野樱的亲本之一，与许多山野里的樱花树一同生长。几乎在鲜艳的绿色嫩叶长出来的同时，开出纯白色飘香的大花。叶大，微厚，有光泽，日本人常将其腌制后包裹樱花糕。球形的果实在初夏的时候会成熟，呈紫黑色。

叶形
倒卵形至倒卵状椭圆形单叶

树高
圆盖形落叶乔木
8~10米

别名 薪樱、饼樱
分类 蔷薇科樱属
分布 日本伊豆诸岛
花色 白色
用途 庭院树、公园树、行道树

1	2	3	4	5	6	7	8	9	10	11	12

花期　果实　　　　　　　　落叶

►叶 长 8~13 厘米，无毛。先端呈尾状，长长伸展，叶缘有锯齿，蜜腺长在叶柄的上部。

▼花 平平展开，直径为 3~4 厘米。花瓣的先端 2 裂。花色通常为白色，但也有的呈浅粉色。

豆 樱

别名：藤樱

因花和叶小而得此名。比染井吉野樱开花更早。花朵朝下开放，花后中心部分泛红。

叶形 倒披针形、倒卵形单叶
树高 落叶小乔木　3~8 米
分类 蔷薇科
分布 日本本州（关东、中部地区）
花色 白、浅红色
花期 3 月下旬~5 月上旬

千岛樱

在泛红的新叶长出的同时开花。叶柄、花柄、萼筒上被毛是该植物的特征。这些部分没有毛的则为日本高山樱。

叶形 倒卵形至倒卵状椭圆形单叶
树高 落叶小乔木　3~8 米
分类 蔷薇科
分布 日本北海道、本州（中部地区以北）
花色 白、浅红色
花期 5~7 月

霞 樱

别名：毛山樱

花期较晚的樱花树，平地的樱花基本上都开完之后才开始开花。在长出有光泽的叶子的时候开花，一般花柄上有毛。

叶形 倒卵形至倒卵状椭圆形单叶
树高 落叶乔木　10~20 米
分类 蔷薇科
分布 日本北海道至四国
花色 白、浅红色
花期 4~5 月

丁字樱

别名：目白樱

萼筒细长，朝下零散开花，所以是人们较容易忽略的普通樱花。花瓣先端有些凹陷，花柄、萼筒长毛是该植物的特征。

叶形 倒卵形至倒卵状椭圆形单叶
树高 落叶小乔木　3~6 米
分类 蔷薇科
分布 日本本州（岩手县至广岛县）、九州（熊本县）
花色 白、浅红色
花期 3~4 月

乌心石

在日本有"招灵树"之称，所以常作为神前供奉的树木。树干粗而笔直，分枝繁多。叶大、呈深绿色、有光泽。初春时期，带有强烈芳香的花朵一朵接一朵的长在叶腋处，花后结出红色的成熟果实，形如葡萄串般。同属的含笑花是原产于中国南部的灌木，常作为庭院树、绿篱。

成年树

▲树皮 暗褐色，细细的皮孔比较显眼。

▲叶 革质，长 5~12 厘米，叶缘平滑，叶背面较白。

▼花 直径约为 3 厘米，浅奶油色，基部为紫褐色。花瓣状的花被片有 12 片。

叶形
长椭圆形单叶

树高
圆盖形常绿乔木
10~15 米

别名	黄心树
分类	木兰科含笑属
分布	日本本州（关东地区以西的太平洋一侧）至冲绳
花色	白色
用途	庭院树、公园树

1	2	3	4	5	6	7	8	9	10	11	12
	花期								果实		

▼花 花边泛红的浅黄色花朵，初夏开花时会散发香蕉般的香气。

波特酒

雄蕊 **雌蕊**

柄

含笑花

观 察

该同属植物的雄蕊群和雌蕊群之间有柄。图中品种为粉花波特酒。

▼果实 袋果长得像瘤子，为集合果。长 5~10 厘米。

春 榆

枝大而宽的大树，叶子呈嫩绿色，十分美丽。也可直接称为榆树，日本北海道一般直接叫它的英文名"elm"，但是真正的elm其实是指欧洲榆树。长出叶子之前开出没有花瓣的小花，初夏长出具翅的果实，形如铃铛，十分夺目。果实随风摇曳之时，叶子停止展开，被新绿所覆盖。

◀树皮 灰褐色。纵向有略深的切痕，呈不规则的鳞片剥落状。

成年树

▼树姿 枝条大而宽，形成几乎成圆形的树冠，是遮阴的好地方。日本北海道常用来作为行道树。

	叶形 倒卵形单叶		
	树高 圆盖形落叶乔木 20~30米		

别名	榆树、榆木
分类	榆科榆属
分布	日本北海道至九州
花色	泛黄绿色
用途	庭院树、公园树、行道树

1	2	3	4	5	6	7	8	9	10	11	12
		花期									
				果实							

翼

观 察
具有发达的木栓层，在枝条上形成翅膀和树瘤，所以在日本也叫作"瘤榆"。

◀叶 叶缘有锯齿，表面粗糙。

▼幼果 长12~15毫米的翅果。扁平的翅先端凹陷，如日本古时将领指挥用的团扇般，枝叶繁多。

观 察
铃铛般的绿色幼果挂满枝头的时候，叶子还没有长出来。

无梗接骨木

该树是日本关东地区最早发芽的树木之一。隐约显红的新芽刚发出来不久，就开出绿黄白色米粒般的小花，呈圆锥花序。夏天结出红果实，十分夺目。同属植物有分布在日本关东以北的虾夷接骨木，花大、果大，黑色的果实还能食用，以及适合种植在庭院里的西洋接骨木等。

花蕾

西洋接骨木

▲新芽 长出嫩叶后形如花椰菜的花蕾显现出来。

▲果实 西洋接骨木的果实成熟后为黑色。

▼叶 长出 5~7 片小叶的奇数羽状复叶，对生。小叶先端尖锐，叶缘有细锯齿。

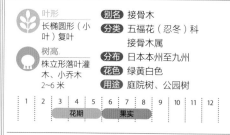

叶形	长椭圆形（小叶）复叶	别名	接骨木

叶形 长椭圆形（小叶）复叶

树高 株立形落叶灌木、小乔木 2~6 米

别名 接骨木

分类 五福花（忍冬）科接骨木属

分布 日本本州至九州

花色 绿黄白色

用途 庭院树、公园树

1	2	3	4	5	6	7	8	9	10	11	12
		花期			果实						

▼树姿 枝条下垂，分枝繁多，呈弓状扩展。枝头有略带黄色的小花呈圆锥花序簇拥绽放。

观察

果实呈卵圆形，直径为 3~5 毫米。与西洋接骨木不同，果实成熟后变得通红，会有小鸟来吃。

莺神乐

在日本树莺开始鸣叫的时期开花，或有说法是莺神乐的细枝分枝繁茂，时常有日本树莺隐藏其中而得名。除在杂草丛中生长外，也常被人们种植在庭院里。枝头上叶子的根部会长出长 1~2 厘米的细叶柄，会开出 1 朵花，或是罕见地长出 2 朵花，朝下绽放。初夏，成熟的红果实味道甜美，可以生吃。

叶形	宽椭圆形至倒卵形单叶	别名	莺树
		分类	忍冬科忍冬属
		分布	日本北海道至九州
树高	株立形落叶灌木 1~2 米	花色	粉色
		用途	庭院树、公园树、盆栽

1	2	3	4	5	6	7	8	9	10	11	12
			花期		果实						

▶ 果实 椭圆形的浆果，长 1~1.5 厘米。果实从长柄上垂下，味道甜如软糖，可生吃。

▼ 花 日本特有的品种。从枝条到花朵整个部都无毛是该树的特征。漏斗形的花朵长 1~2 厘米，先端 5 裂。

金银木

枝头的叶腋处并列生长有 2 朵花。花筒先端 5 深裂，初时为白花，之后渐变成黄色然后凋谢。混杂开放有白花和黄花，因而得名"金银花树"。2 个红色的成熟果实粘在一起，像一个果实，犹如葫芦般，因此在日本也叫作"葫芦树"。果实虽然看起来很美味，但是有毒。

叶形	卵形至长椭圆形单叶	别名	葫芦树、金银花树
		分类	忍冬科忍冬属
		分布	日本北海道、本州
树高	株立形落叶灌木 1~2 米	花色	白、黄色
		用途	庭院树、公园树、绿篱

1	2	3	4	5	6	7	8	9	10	11	12
			花期			果实					

▲果实 球形浆果，直径为 6~9 毫米。每 2 个果实基部互相粘在一起，形如葫芦，是该果实的特征。

▼花 叶腋处长出花柄，先端每 2 朵并列朝上开花。枝叶上多毛。

温州双六道木

果实先端的 5 片萼片如螺旋桨飞机般，其形如日本女孩在新年玩的羽根突（类似中国的板羽球）的羽毛毽子，因而在日本又叫作"冲羽根空木"。花长 2~3 厘米，呈漏斗状，一般每 2 朵就长在枝头上。花的内部有红黄色的斑纹，呈放射状开放，5 片萼片很是显眼。花大，长 3~5 厘米，开花早的大温州双六道木也比较常见。

大温州双六道木

果实

▲花 花大，5 片萼片中的 1 片极其的小。

▲幼果 细长、呈线形的果实先端留有萼片。

▼叶 长 2~6 厘米。叶缘有不规则的锯齿，先端逐渐变得尖细，对生。

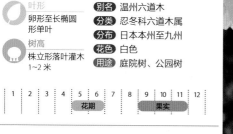

	叶形		别名	温州六道木
	卵形至长椭圆形单叶		分类	忍冬科六道木属
	树高		分布	日本本州至九州
	株立形落叶灌木 1~2 米		花色	白色
			用途	庭院树、公园树

1	2	3	4	5	6	7	8	9	10	11	12
				花期				果实			

▼树姿 分枝繁茂，宽卵形的叶子茂密生长。花色高雅，与嫩绿的叶子很协调。

萼片

观察

花的先端呈唇状，上唇 2 裂，下唇 3 裂，5 片萼片几乎同样大小。

显脉荚蒾

因为叶子容易被虫蚕食，所以在日本又被称为"虫食树"。叶子如龟壳般，因而又有"大龟树"之称。斜向上分枝繁多的枝条长有动人的白色花朵。花在短枝头上与1对叶子同时长出，小朵的两性花旁被大朵的装饰花包围，以这样的姿态开花。圆形的叶子对生，叶脉凹陷，十分醒目。

叶形	圆形至宽卵形单叶	别名	大龟树
		分类	五福花（忍冬）科荚蒾属
树高	株立形落叶小乔木 2~6米	分布	日本北海道至九州
		花色	白色
		用途	庭院树、公园树

1	2	3	4	5	6	7	8	9	10	11	12
			花期				果实				
									红叶		

▲幼果与叶 叶长10~15厘米，皱纹多。果实与果序枝条一同变红，成熟的果实为黑色。

▼花 白色的装饰花朵直径为2~3厘米。既没有雄蕊也没有雌蕊，5深裂，平开。

日本荚蒾

因为被人误认为是在日本石川县的白山处生长的植物，在日本叫"白山树"，其实该植物与白山没有关系，是生长在西日本沿海地区的山林等地的树木。虽是荚蒾属植物，却常绿，枝、叶、花等树木整体均无毛是该植物的特征。对生的叶子1~2对长在新枝枝头上，长出许多白色的小花。花的先端5裂，平开，带有恶臭。

叶形	菱状卵形至菱状倒卵形单叶	别名	白山树
		分类	五福花（忍冬）科荚蒾属
树高	株立形常绿灌木、小乔木 1~6米	分布	日本本州（伊豆半岛、伊豆诸岛、山口县）、九州、冲绳
		花色	白色
		用途	庭院树、公园树

1	2	3	4	5	6	7	8	9	10	11	12
			花期						果实		

▶果实与叶 叶革质，有光泽，先端短而尖，仅上部叶缘有锯齿。果实呈椭圆形，成熟后变红。

▼花 花聚集在花序上，花序直径为6~15厘米。花直径为5~8毫米，5枚雄蕊在花里不显露出来。

海仙花

在日本叫作"箱根空木",意为日本神奈川的很多空心树。但是该植物在箱根仅少量自生。比起在山地,是更喜在海岸边、日照充足的地方生长的日本固有品种。漏斗形的花从花筒的中央突然变粗,先端5裂。刚开花的时候为白色,之后逐渐变粉色,然后变红色,多为3色的花朵混杂其中齐齐绽放,常用作庭院树。

◀树皮 灰黑色,竖纹,呈剥落状。

成年树

▼叶 表面略有光泽,长6~16厘米。先端尖锐,叶缘有细锯齿,对生。

 叶形
椭圆形至宽卵形单叶

 树高
株立形落叶小乔木
3~5米

别名	花关门
分类	忍冬科锦带花属
分布	日本北海道至九州
花色	白色、红色
用途	庭院树、公园树、绿篱

1	2	3	4	5	6	7	8	9	10	11	12
				花期					果实		

▼花 长3~4米。枝头、叶腋处长出2~3朵花,花色由白向红转变。

▲幼果 长2.7~3厘米的圆筒形果实,成熟后纵向裂开。

观察

花筒无毛,上部并不是缓慢变化的,而是突然变粗的,这是该花的特征。

花筒

毛泡桐

枝头有圆锥形的大型花序，浅紫色的花向下开放。因为木材轻而直立不乱，所以常被栽培用作家具材料，现在也将其野生化。日本平安时代，因其高贵的紫色花朵受到人们的喜爱。《源氏物语》中的角色桐壶的名字，就源于宫中种植的毛泡桐，清少纳言在《枕草子》中，将毛泡桐比作美丽的树花。

成年树

▲树皮 灰褐色，皮孔较多，纵向浅裂。

▲叶 有毛，长 15~30 厘米。3~5 裂，呈三角或五角形。

▼果实 长 3~4 厘米的卵形，先端尖，成熟后裂成 2 部分，有翅的种子会从中飞散出来。

叶形
宽卵形单叶

树高
椭圆形落叶乔木
8~15 米

别名 无
分类 泡桐（紫葳）科泡桐属
分布 原产于中国中部
花色 紫色
用途 庭院树、公园树、行道树

1	2	3	4	5	6	7	8	9	10	11	12
				花期					果实		

▼花 呈大的穗状花序，叶子长出之前开始开花，嫩叶正在展开之际也会持续开花。

观 察

花为筒状钟形，长 5~6 厘米。先端 5 裂，外面密生有软毛。

小蜡树

常见于丘陵和矮山等日照充足的地方。远远看去，呈圆锥花序开花的花朵在叶子上面飘飘然的姿态如柔绵般美丽。新长出的枝条上开出白色的花朵，线状的花瓣有4片。叶子为奇数羽状复叶。在日本又叫"圆叶树"，不是因为该树的叶子很圆，而是因为叶缘处没有粗糙的锯齿，是很平滑的形态而得名。

▲树皮 普通的暗灰色，树皮光滑。

▲果实 倒披针形的翅果，长2~3厘米。结果多，不会裂开。

▼叶 一般有1~2对小叶。叶缘有些波纹、锯齿，但是并不明显。

叶形 卵形（小叶）复叶	别名 细叶青棡
	分类 木犀科梣（女贞）属
树高 卵形落叶乔木 5~15米	分布 日本北海道至九州
	花色 白色
	用途 庭院树、公园树

1	2	3	4	5	6	7	8	9	10	11	12
			花期						果实		

▼树姿 在日本称为"青梣"，而取名为青梣的植物有好多种，但是有人说该种植物的花朵是这些植物中最美的。

雄花

观察

雌雄异株。雄花和雌花都有4片细花瓣。

野茉莉

许多白花从枝条上垂下开放。园艺品种有粉花的"红花野茉莉"。花后灰白色的果实会垂下来。果皮有毒，含有齐墩果皮皂苷，舔食的话会刺激喉咙，让喉咙变涩，所以又叫作"齐墩果"。曾经人们将果皮捣碎，然后用来洗衣服，或是用于捕捉河流里的游鱼。

成年树

▲树皮 暗紫褐色，平滑，老树的树皮纵向浅裂。

▲果实 卵形，长1厘米。成熟后果皮开裂。

▼花 园艺品种粉花编钟，粉红的花色十分美丽，是人气品种。常于庭院种植。

叶形
卵形单叶

树高
卵形落叶小乔木
7~8米

别名	厚壳树、辘轳树
分类	安息香科安息香属
分布	日本北海道至冲绳
花色	白色
用途	庭院树、公园树

1	2	3	4	5	6	7	8	9	10	11	12
				花期			果实		红叶		

▼花 直径为2~3厘米，5深裂，1~4朵花垂吊下来绽放。10枚雄蕊不露于花外。

红花野茉莉

新芽

观察
嫩叶的里面、刚长出来的枝条上会有浅褐色的星状毛，比较显眼。

玉铃花

白花呈长条形的总状花序，齐齐盛放的样子如白云般，因而在日本又叫作"白云树"。粗枝斜向上伸展。长20厘米，圆而大的叶子互生。花序上长有20多朵花，形成一条长花串从新枝枝头上垂下来。果实成熟后果皮会裂开，里头有1粒种子露出。榨油后可制作蜡烛。

成年树

▲树皮 灰黑色，树皮光滑，成为老树之后树皮纵向浅裂。

▲果实 卵形，直径为1.5厘米。先端略尖。

▼叶 先端呈尾状，短而尖，叶缘具不规则浅锯齿。里面有星形的毛密生，呈灰白色。

叶形
倒卵形单叶

树高
卵形落叶小乔木
6~15米

别名 白云树
分类 安息香科安息香属
分布 日本北海道至九州
花色 白色
用途 庭院树、公园树

1	2	3	4	5	6	7	8	9	10	11	12
				花期			果实				

▼花 鲜艳，在绿色的嫩叶下成串垂下，从下往上看，更显华美。

观察
花长2厘米。先端5深裂，呈数条花串状开花。

东杜鹃

别名：杜鹃

在日本关东地区被直接叫"石楠花"。叶厚，革质，背面被茸毛，呈海绵状。花在花蕾状态时颜色较深，开花后颜色变浅。

- 叶形 倒披针形至椭圆状披针形单叶
- 树高 常绿灌木 1~6 米
- 分类 杜鹃花科
- 分布 日本本州（东北、关东、中部地区南部）
- 花色 白、浅红紫至红紫色
- 花期 5~6 月

短果杜鹃

别名：白花杜鹃

在日本东北地区说的石楠花一般就是指该品种。花呈漏斗状，花瓣 5 裂，部分地方有绿色或褐色的斑点是该花的特征。

- 叶形 长椭圆形至狭长椭圆形单叶
- 树高 常绿灌木 1~3 米
- 分类 杜鹃花科
- 分布 日本北海道至本州（中部地区以北）、四国
- 花色 白、浅红色
- 花期 6~7 月

本杜鹃

漏斗形的花朵先端 7 裂，枝头聚集了 10 朵以上的花朵，簇拥绽放，形如绣球。是华丽、美丽的杜鹃花属植物。叶背被褐色的毛，因而叶子背面看起来呈棕色。

- 叶形 长椭圆形、倒卵状长椭圆形单叶
- 树高 常绿灌木 1.5~7 米
- 分类 杜鹃花科
- 分布 日本本州（新潟县西部以西）、四国
- 花色 红紫至浅红紫色
- 花期 4~6 月

牧野杜鹃

别名：细叶杜鹃、远州杜鹃

细叶的叶缘卷向内侧，因而看起来叶子更细。以此可以很容易地区分出与其他的杜鹃花属植物的不同。花呈漏斗状，先端 5 裂，上半部分的裂片有深色斑点。

- 叶形 线状倒披针形单叶
- 树高 常绿灌木 2 米
- 分类 杜鹃花科
- 分布 日本本州（静冈县、爱知县）
- 花色 紫红色
- 花期 5 月

腺齿越橘

7月下旬叶子开始染红，如秋天长红叶的漆树科的野漆一样美丽。初夏，新枝枝头上有小吊钟般的花朵排成一列朝下绽放。花为略现红色的浅黄绿色，先端5浅裂。是蓝莓的同属植物，秋天成熟的黑色果实圆圆的，吃起来口感酸酸甜甜。

◀初夏的叶子 表面和叶缘处长毛，初夏会变色。

▼花 长4~5毫米的小朵钟形花，当年长出的枝条上花朵排成一列。花萼和短花柄上有毛。

	叶形
	椭圆形、宽卵形 单叶
	树高
	株立形落叶灌木 1~3米

别名	夏栌
分类	杜鹃花科越橘属
分布	日本北海道至九州
花色	浅黄绿色
用途	庭院树、公园树、盆栽

1	2	3	4	5	6	7	8	9	10	11	12
				花期			果实				
							红叶				

▼果实 有光泽的球形浆果，直径为6~8毫米。总状果序，结果多，采摘收集容易，可制作果酱。

▼红叶与果实 入秋后叶子变得通红，果实成熟后变黑。

观察
果实上部留有呈环状的萼痕。

越　橘

试着咬叶子会有酸酸的味道，所以在日本叫作"酸树"。从根部开始分枝，分枝繁多，枝条水平伸展，带短柄的叶子互生。叶子的先端尖，叶缘有细锯齿，秋天会有美丽的红叶。小小的钟形花隐藏在叶下，开花的时候并不十分显眼。成熟的黑色果实虽然很酸，但是可食用，所以又称"小梅"。

叶形
倒卵形、椭圆形
单叶

树高
株立形落叶灌木
1~2 米

别名 小梅
分类 杜鹃花科越橘属
分布 日本本州（关东地区至中部地区的南部）
花色 绿白色
用途 庭院树、公园树

1	2	3	4	5	6	7	8	9	10	11	12
				花期		果实			红叶		

◀花 长 5 毫米的钟形花。绿白色，整体略微发红，先端 5 浅裂，朝下绽放，花朵在枝条上并不整齐排列。

光滑

▼果实 球形浆果，长 7~9 毫米。最初为绿色，秋天成熟后变紫黑色，味酸，可食用。

红果越橘

果实先端像古时用的舂米器具，因而在日本叫作"臼树"。在横向伸展、分出细枝的枝条上，叶缘有钩状细锯齿的叶子互生。绿白底上有红筋的花朵长出 1~3 朵，朝下长出。花形如越橘花，但与萼筒部分无棱角的越橘不同，红果越橘的萼筒部分是有棱角的。另外，与越橘不同，红果越橘的果实成熟后变成红色。

叶形
卵状椭圆形、
宽披针形单叶

树高
株立形落叶灌木
50~150 厘米

别名 角果越橘
分类 杜鹃花科越橘属
分布 日本北海道至九州
花色 绿白色
用途 庭院树、公园树

1	2	3	4	5	6	7	8	9	10	11	12
			花期			果实			红叶		

◀花 长约 6 毫米的钟形花朵，先端翘起，5 浅裂。萼筒上有 5 个角。

有棱角

▼果实 浆果。有 5 个棱角，所以别名"角果越橘"。果实成熟后变成红色，这一时期的叶子也会变红。

107

油杜鹃

因叶子背面有光泽，如涂了油一般而得名。细枝分枝繁多，横向伸展，枝头的叶子轮生。花呈壶形，5~10 朵垂下绽放。是与日本吊钟花同属的植物，会长出长 4~5 毫米、长相普通的小花，所以不怎么显眼。椭圆形的小果实朝下垂。

叶形			别名	山灯台
倒卵形、椭圆形单叶			分类	杜鹃花科吊钟花属
			分布	日本本州（中部地区以北）
树高			花色	白色
株立形落叶灌木1~3 米			用途	庭院树、公园树

1	2	3	4	5	6	7	8	9	10	11	12
				花期				果实			
									红叶		

虎　刺

枝干笔直生长，枝条呈多回二叉分枝，反复横向伸展，枝条上有长达 1~2 厘米的刺，刺多而尖锐，日本为表示其连蚂蚁经过都会被刺到，所以称此树为"蚂蚁过树"。与同样会结出红色果实的草珊瑚、朱砂根，一同被叫作"千两、万两、财运常在"，所以是吉祥的象征，日本新年的时候用来装饰地席。

叶形			别名	一两
卵形单叶			分类	茜草科虎刺属
			分布	日本本州（关东地区以西）至九州
树高			花色	白色
株立形常绿灌木20~60 厘米			用途	庭院树、公园树

1	2	3	4	5	6	7	8	9	10	11	12
果实										果实	
			花期								

▲花 枝头上集有 5 片叶子，从叶子的着生根部处垂下来的花轴先端长出许多花朵，齐齐绽放。

◀树姿 嫩枝为红褐色，枝条横向伸展。花色略带绿色，因而并不显眼，叶子变红后会显得夺目。

▲花 长 1 厘米左右的漏斗形花朵，先端 4 裂，裂片外侧翘起。每个叶腋处会开出 2 朵花。

▶果实与叶 果实呈球形，直径约为 5 毫米。冬天成熟的红果会一直在枝条上留到春天。叶子长 7~20 毫米，有光泽。

灯台树

树液多，初春时砍树枝会流出水一般的树液，因而在日本又名"水木"。树干直立，枝条水平伸展，呈阶段状的独特树形。木材没有白色的节，所以可以制成日本东北地区的传统人偶木芥子和陀螺玩具。枝头的茂密树叶上长出许多小白花，簇拥开放。4 片花瓣平开，4 枚雄蕊显露出来。

成年树

▲树皮 灰褐色，有浅裂竖纹。

▲叶 互生，长 6~15 厘米。表面有光泽，先端短而尖。

▼幼果 球形核果，直径为 6~7 毫米。从绿色转变成红色，成熟后变黑，鸟类喜食。

叶形		别名	瑞木
宽椭圆形单叶		分类	山茱萸科灯台树属
树高		分布	日本北海道至九州
卵形落叶乔木 10~20 米		花色	白色
		用途	庭院树、公园树

1	2	3	4	5	6	7	8	9	10	11	12
				花期					果实 红叶		

▼花 形如撑开的遮阳伞般，树枝的一面聚集了白色的花朵。花的直径为 7~8 毫米。

观察

冬芽长 7~10 毫米。深紫红色，富有光泽，被芽鳞包被。

冬芽

青荚叶

叶上结出花和果实，是稍微有些特别的植物。托着花朵的叶子就像筏一样，因而在日本叫作"花筏"。嫩叶可以做成凉拌菜、菜饭等食用，所以在日本又被称为"饭子"。雌雄异株，开出浅绿色的小花。在叶子中央脉络的近乎正中的位置有数朵雄花，雌花通常只长1朵。雌花花后，会在夏天结出黑色的成熟圆形果实。

叶形
宽椭圆形单叶

树高
株立形落叶灌木
1~3米

别名	饭子、新娘之泪
分类	青荚叶（山茱萸）科青荚叶属
分布	日本北海道至九州
花色	浅绿色
用途	庭院树、公园树

1	2	3	4	5	6	7	8	9	10	11	12
				花期			果实				

◀雌花 直径为4~5毫米。花瓣有3~4片，没有雄蕊。叶子有光泽，先端尖，呈尾状，叶缘具锯齿。

▼果实 雌株上直径为7~10毫米的圆形果实长在叶子的正中间。黑色的成熟果实依然有涩味，无法食用。

山五加

灰褐色的枝条上的每个节点都长有锐利的刺，长出有5片小叶的掌状复叶，叶柄长达10厘米，叶互生。花柄比叶柄短，先端的花朵聚成球状，在叶下开放。雌雄异株，雌株结有球形的果实，夏天成熟后会变成紫黑色。嫩叶带有淡淡的苦味和特有的香气，可做成凉拌菜和配饭食用。

叶形
倒卵形、倒卵状长椭圆形（小叶）复叶

树高
株立形落叶灌木
2~4米

别名	鬼五加、五加
分类	五加科五加属
分布	日本本州（岩手县以南）、四国
花色	黄绿色
用途	庭院树、公园树、行道树

1	2	3	4	5	6	7	8	9	10	11	12
					花期	果实					

▲叶 掌状复叶，5片小叶几乎大小、形状相同。短枝上数片叶子成束。

▼雌花 组成球状的花团直径为4~5厘米，生长在短枝的先端。花瓣有5片，柱头2裂。

中国旄节花

叶子先端立起来，细枝上垂下浅黄色的钟形花朵，在初春的丛林中很常见。花开之后长出叶子。雌雄异株，雄花比雌花的花色要深，花和花穗都大，所以比较显眼。有花穗长的"八丈中国旄节花"、花色浅的"红花中国旄节花"等品种，也可种植在庭院里。

红花中国旄节花

▲幼果 直径为 7~12 毫米的宽椭圆形果实，从绿色转为黄褐色。

▲花 八丈中国旄节花的园艺品种。花为浅红色。

▼树姿 枝叶和花大。有的花房长度超过 20 厘米。叶先端尖，互生。

叶形		长椭圆形至卵形 单叶	
树高		株立形落叶灌木、小乔木 2~4 米	

别名	豆附子、旄节花
分类	旄节花科旄节花属
分布	日本北海道至九州
花色	浅黄色（雄花）、浅黄绿色（雌花）
用途	庭院树、公园树、盆栽

1	2	3	4	5	6	7	8	9	10	11	12
		花期				果实			红叶		

▼树姿 枝条呈弓状伸展，长 3~10 厘米的花串垂吊下来。比染井吉野樱开花早。

八丈中国旄节花

观 察

从钟形的花朵外观上难以区分雌雄，但是仔细看的话雌花的雌蕊会稍微露出花外。

雌蕊

雌花

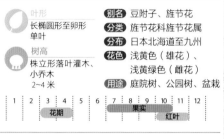

日本七叶树

树干直立茁壮生长，叶子如日本传说中的天狗手持的团扇般，加上呈圆锥状直立、巨大的花穗，使得日本七叶树变得十分美丽夺目。球形的果实含有丰富的淀粉，日本绳纹时代的人们常用此来做糕饼。该树常被种植在庭院中或作为行道树。品种除了"马栗"即欧洲七叶树之外，还有"赤花七叶树""红花七叶树"等。

◀树皮 黑褐色，平滑。成为大树之后树纹会变大，显现出波状的剥落模样。

成年树

▼红叶 带长柄的叶子，秋天会变成黄色，凸显了其存在感。

叶形
长椭圆形复叶（小叶）

树高
卵形落叶乔木
20~30 米

别名	无
分类	无患子科七叶树属
分布	日本北海道至九州
花色	白色
用途	庭院树、公园树、行道树

1	2	3	4	5	6	7	8	9	10	11	12
				花期				果实			
									红叶		

观察
叶子为 5~7 片小叶组成的掌状复叶，该品种的小叶叶缘粗糙。

▼花 红花七叶树为欧洲七叶树和赤花七叶树的杂交种。花色为粉色。

红花七叶树

▼幼果 倒卵状球形蒴果，直径为 3~5 厘米。成熟后 3 裂，露出褐色种子。

种子

▲果实 种子如栗子般有光泽。

芽鳞

◀冬芽 长1~4
厘米。芽鳞上粘
有树脂。

▶冬树 枝条斜向
上伸展，整个植
株向外扩展。

欧洲七叶树

▲花 枝头上直立有花
穗，长20厘米。4片
花瓣的基部为浅红色，
卷曲的雄蕊凸出。

◀花 白色中略带些红
色的花朵，花量大，
是法国巴黎有名的行
道树。

▼树姿 原产于美国南部地区。高3~4米，适合作为庭院树。

赤花七叶树

观 察

赤花七叶树的花朵为鲜红
色，花瓣完全不开放是该
植株的特征。

省沽油

长出许多细长的灰褐色枝条，先端尖，有3片卵形的小叶是该植物的特征。叶对生，小枝条的先端长出筒形的白色花朵。多朵花俯首绽放。花瓣和萼片各5片，花瓣包围着雄蕊和雌蕊直立生长，不平开而是处于半开的状态。果实形如日本相扑比赛的裁判手里拿的团扇，秋天果实成熟。

叶形 卵形复叶（小叶）	别名 米野木、三叶空木
	分类 省沽油科省沽油属
	分布 日本北海道至冲绳
	花色 白色
树高 株立形落叶灌木 3~5米	用途 庭院树、公园树

1	2	3	4	5	6	7	8	9	10	11	12
				花期				果实			

▲叶 有光泽，3片小叶成一组，对生。新芽和嫩叶可做凉拌菜等食用。

▼花 长7~8毫米，有花香。5瓣花，萼片也有5片，因而花瓣看起来像有10片。

苦木

之所以名字叫"苦木"，是因为该植物的枝叶、树皮、木材等都带有强烈的苦味。树皮可药用或是作为染料。从叶腋处长出长5~10厘米的柄，开出许多直径约为5毫米的小花。黄绿色的花瓣有4~5片。雌雄异株，秋天雌株会结出黑绿色的果实。叶子是有7~13片小叶的奇数羽状复叶，互生。

叶形 卵状长椭圆形（小叶）复叶	别名 无
	分类 苦木科苦木属
	分布 日本北海道至冲绳
	花色 黄绿色
树高 卵形落叶乔木 6~15米	用途 公园树

1	2	3	4	5	6	7	8	9	10	11	12
				花期				果实			

▶树皮 暗褐色，光滑。长成老树之后会有竖纹。有苦味成分，用该树树皮熬出来的汤汁可做杀虫剂。

老树

▼雌株 1个花序上有7~10朵雌花零散分布。叶先端尖，小叶长4~8厘米，叶缘有锯齿。

臭 椿

树形和叶子形似漆树，又常种植在庭院里，所以在日本叫作"庭漆"。原产于中国，明治时代初期传入日本，并被种植在庭院里或用作行道树，但现在野生在日本的河滩、河堤、空地上。枝头上长出长 10~20 厘米的长柄，多朵小花连接在一起，呈穗状花序。雌雄异株，雌株的果实从绿色渐渐变成红色，成熟后变成褐色。

叶形
长卵形（小叶）
复叶

树高
卵形落叶乔木
10~25 米

别名 神树
分类 苦木科臭椿属
分布 原产于中国
花色 绿白色
用途 庭院树、公园树、行道树

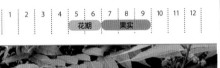

1	2	3	4	5	6	7	8	9	10	11	12
				花期		果实					

▲叶 长 40~100 厘米，长有 6~16 对小叶的奇数羽状复叶。小叶先端尖细，长 8~10 厘米。

▼树姿 叶子呈伞形扩展，小花呈穗状花序。小图为翅果，深色的部分是种子。

山皂荚

在日本因为日语中皂荚的发音与西海子的发音相似，传说古时是从西海子的谐音而得名"皂荚"。多生长在山野的河滩、水边等地。也能看到寺庙里种有这种树。无论是树干还是枝条，都长有锐利的刺。不显眼的小花组合成穗状花序。花后会长出呈刀形扭曲的果实。叶子为羽状复叶，互生，也有的枝条会长出二回偶数羽状复叶。

叶形
狭卵形、椭圆
形复叶（小叶）

树高
卵形落叶乔木
15~20 米

别名 无
分类 豆科皂荚属

分布 日本本州至九州
花色 浅黄绿色
用途 公园树

1	2	3	4	5	6	7	8	9	10	11	12
					花期				果实		

▶树皮 黑褐色至灰褐色，有很多粗刺。这是因枝条变形而形成的，所以一些刺还会有分枝。

▼果实 长 20~30 厘米，形状扭曲的豆果，成熟时为紫褐色，落之后也仍然会留在树上。曾经常被人们用作肥皂的替代品。

成年树

云 实

枝条上有呈钩状的锐刺，而枝条呈藤蔓状伸展，将其他事物缠绕其中，犹如蛇一般，因而得名"蛇结茨"。常在日照充足的河滩处生长，因而又称"河原藤"。花在枝头上生长，呈粗穗状花序，直立朝下开花。5 片花瓣之中，上部的 1 片花瓣略小一些，基部有红筋。花后会结出蓬松的椭圆形果实。

◀枝条 枝条上有钩状弯曲的尖锐的刺。

	叶形	别名	河原藤
	长椭圆形（小叶）复叶	分类	豆科云实属
	树高	分布	日本本州至冲绳
	蔓形落叶灌木 2 米	花色	鲜黄色
		用途	庭院树、公园树、行道树

1	2	3	4	5	6	7	8	9	10	11	12
				花期					果实		

▼果实 椭圆形的豆果，长 7~10 厘米。秋天成熟的紫褐色果实会裂成两半，里面会露出有毒的黑褐色种子。小图为幼果。

▼花 直径为 3 厘米。5 片花瓣平开，不会变成蝶形花。

▼叶 有 3~8 对羽片状叶子，为二回偶数羽状复叶，互生。各羽片有长椭圆形的小叶 5~12 对。

观 察

叶柄和叶轴上也有许多反向生长的刺。

刺 槐

明治初期，该树作为防护林树种被引入日本，因繁殖能力强，目前在日本各地都有野生树，现在在日本的《外来生物法》中被列为需要注意的外来生物品种。树形如槐，长出叶子的基部有 1 对刺，因此得名"刺槐"。白花如藤条般生长，呈总状花序，会散发出甜香味，是容易招来蜜蜂的重要蜜源植物之一。

叶形	别名	洋槐
椭圆形复叶（小叶）	分类	豆科刺槐属
树高	分布	原产于北美洲
椭圆形落叶乔木 15~25 米	花色	白色
	用途	庭院树、公园树、行道树

1	2	3	4	5	6	7	8	9	10	11	12
				花期		果实				红叶	

▼花 长 10~15 厘米的花序从叶腋处垂下。1 朵花长约 2 厘米，呈蝶形，有花香。

◄树皮 棕色。有纵向深裂纹，比较显眼。

成年树

▼叶 奇数羽状复叶，叶柄的基部有 2 根刺。

刺

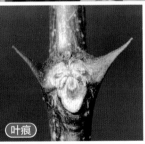

叶痕

◄冬芽 叶痕大而圆，呈三角形，左右有刺。

▼果实 长 5~10 厘米，为肥大的豆果，无毛。成熟后裂成两半，会溢出3~10 粒种子。

上沟樱

除了自生在日照充足的山谷间和丛林之外，也常被人们种植在庭院里。许多白色的小花成串生长。比花瓣长的雄蕊多而凸出，显得很蓬松。花后会结出绿色的果实，随着果实成熟，颜色会逐渐变黄、变为橙色，然后是红色，直到变黑。割伤树皮后，会散发出如樱花糕般富含香豆素的强烈芳香。品种有花穗小的布氏稠李等。

成年树

▲树皮 暗紫褐色，横生的皮孔十分显眼。

▲果实 直径为 8 毫米的卵形果实，味甜能食用，也可制作果酒。

▼花 在二年生枝的横向处长出的花朵，所以花穗的下面没有叶子这是该植物的特征。花穗比一般的品种要小一圈，长 6~9 厘米。

布氏稠李

叶形 卵形至卵状长椭圆形单叶	别名 灰叶稠李
	分类 蔷薇科稠李属
树高 卵形落叶乔木 15~20 米	分布 日本北海道至九州
	花色 白色
	用途 庭院树、公园树、行道树

1	2	3	4	5	6	7	8	9	10	11	12
			花期				果实			红叶	

▼花 长出叶子后，形如白色刷子的花像将整棵树覆盖了一般盛放，比布氏稠李更常见。

观·察

与布氏稠李不同，新枝枝头上长花，从花穗的下面长出 3~5 片叶子。

三叶海棠

果实味酸，所以日本又称其为"酸果"，可从树皮提取黄色的染料。晚春开花，但是通红的果实也为秋天增添了一份美丽，常被人们种植在庭院里。略呈浅红色的花蕾开放后会变成白色。叶长 3~8 厘米，有刻痕和无刻痕的叶子混杂在一块生长。

叶形		
长椭圆形、卵状长椭圆形单叶	**别名**	酸果、野黄子
	分类	蔷薇科苹果属
树高	**分布**	日本北海道至九州
不规则形落叶小乔木至乔木 6~10 米	**花色**	白色
	用途	庭院树、公园树、盆栽

1	2	3	4	5	6	7	8	9	10	11	12
				花期					果实		

有刻痕的叶子

▲花 花瓣有 5 片，直径为 2~4 厘米。短枝头上长出 4~8 朵呈束状的花。分裂后的叶子也混杂在其中。

◀果实 直径为 6~10 毫米的圆果呈束状下垂。也有成熟的黄色果实，叫作"野黄子"。

东亚唐棣

细长的白色花瓣随风摇曳，如武将指挥士兵时使用的短令旗，因而在日本叫作"采振树"。叶子完全长出来之前，会开出许多花朵。嫩叶的背面密被白色柔毛，所以在开花期，整棵树看起来白白的。这些柔毛会随着叶子的不断生长而逐渐消失，叶子的表面会变得无毛。秋天成熟的黑果可以食用。

叶形		
椭圆形单叶	**别名**	四手樱
	分类	蔷薇科唐棣属
树高	**分布**	日本本州（岩手县以南）至九州
圆盖形落叶小乔木 5~10 米	**花色**	白色
	用途	庭院树、公园树、盆栽

1	2	3	4	5	6	7	8	9	10	11	12
				花期					果实		

白色嫩叶

▲花 线形的花瓣有 5 片，枝头上有约 10 朵花开放。在开花期，嫩叶背面的毛十分显眼。

▶叶与果 叶子先端尖，叶缘有不明显的锯齿。在结果期叶背无毛。果实直径为 6~10 毫米，呈球状。

红叶莓

橙色的果实香浓美味，是树莓的代表性植物。因叶子形如槭树的红叶，而得此名。长有钩刺的枝条呈弓状伸展，叶呈掌状分裂，3~5 片带刻痕的叶子互生。春天开出白色的花朵，初夏时期大而甜的果实从枝条上垂下来。相似的植物有生长在西日本的"长叶红叶莓"、枝条无刺的"梶莓"。

长叶红叶莓

梶莓

▲叶 带有刻痕的中央叶子细长，先端尖。

▲枝 枝条上完全没有刺。

叶形 卵形、宽卵形 单叶	别名 悬钩子
	分类 蔷薇科悬钩子属
树高 株立形落叶灌木 2 米	分布 日本本州（中部地区以北）
	花色 白色
	用途 庭院树、公园树

1	2	3	4	5	6	7	8	9	10	11	12
		花期			果实					红叶	

▼叶 长 7~15 厘米，多呈掌状，5 裂。叶缘有粗锯齿，叶柄有刺。

观察

如长叶红叶莓般，中央裂片长而不凸出。

▼花 花瓣有 5 片，直径约为 3 厘米。每个枝头长出 1 朵花并朝下开放。叶子在秋天会变黄。

▼果实 颗粒状的小核果聚集在一块成为集合果，直径为 1~1.5 厘米。

毛叶石楠

常见于灌木丛等地。木材结实，难折断，所以常用作镰刀的手柄，因而在日本又叫"镰柄"。枝头斜向上伸展，白花簇拥绽放。在嫩枝、叶子背面及花序等处长有白色柔毛，虽然在开花期十分显眼，但是之后会渐渐变得没那么明显。叶子稍薄，叶缘有细锐的锯齿，秋天有黄叶。

叶形
宽倒卵形至狭倒卵形单叶

树高
圆盖形落叶灌木、小乔木
5~7 米

别名 细毛扇骨木
分类 蔷薇科石楠属
分布 日本北海道至本州
花色 白色
用途 庭院树、公园树、盆栽

1	2	3	4	5	6	7	8	9	10	11	12
				花期					果实		
									红叶		

◀花 直径约为1厘米，枝头上聚集有10~20朵花，一同绽放。近圆形的花瓣有5片，花轴上有白毛。

▼果实 长8~10毫米的椭圆形果实，秋天成熟后会变红，可食用。果柄上的果子呈颗粒状，皮孔多。

冠蕊木

常见于矮山的路边或森林的边缘等地。大多数的细枝分枝繁多，白色的5瓣小花排得很紧，树木整体看起来像白色。该植物的花朵形似齿叶溲疏（日语常称其为"空木"）的花朵，且又像糙米捣碎成精米的碎米状，因而在日本叫作"小米空木"。叶薄，羽状，有刻痕，先端尖而细长，叶缘有锯齿。秋天叶子会变黄。

叶形
三角状宽卵形单叶

树高
株立形落叶灌木
1~2 米

别名 小米空木
分类 蔷薇科冠蕊木属
分布 日本北海道至本州
花色 白色
用途 庭院树、公园树

1	2	3	4	5	6	7	8	9	10	11	12
				花期					果实		
									红叶		

▶花 直径为4~5厘米。花瓣有5片，比花瓣短的5片萼片看起来也像花瓣。萼筒内侧为黄色。

▼叶与幼果 嫩枝为红色，叶长2~4厘米，互生。球形的果实被萼片包围。

野蔷薇

生长在河岸、原野及日照充足的地方。名字有野生蔷薇的意思。在《万叶集》中也有关于该植物的诗歌。枝条上有锐利的刺，枝头长出许多纯白色的花朵，5瓣花散发出甜香味。木材可制成园艺品种的蔷薇木台架，花朵可作为香水原料，红色的小果实还有利尿等药用功效。

▲叶 羽状复叶，小叶有 7~9 片，叶子背面和叶轴上有毛。

▲果实 直径为 7~9 毫米，球形，会变红。

▼树姿 野蔷薇的同属植物，叶厚，有光泽，在地面上匍匐扩展。花比野蔷薇要大。

光叶蔷薇

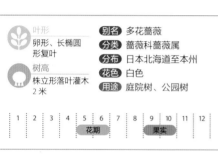

叶形		
卵形、长椭圆形复叶	**别名**	多花蔷薇
	分类	蔷薇科蔷薇属
树高	**分布**	日本北海道至本州
株立形落叶灌木 2 米	**花色**	白色
	用途	庭院树、公园树

1	2	3	4	5	6	7	8	9	10	11	12
				花期			果实				

▼树姿 枝条上有锐利的刺，攀缘其他植物，枝叶繁茂。花朵接连开放。

观察

花朵直径约为 2 厘米，5 瓣花，在枝头上呈圆锥花序簇拥绽放。

蚊母树

因为叶子容易长虫瘿，在出现虫子后，吹一下长出的虫瘿会发出咻咻的声音，所以在日本也有"咻鸣树"之称。叶腋处有许多红色小花朝上长。在花期，枝头会变红。花无花瓣，红色的部分为花柱和雄蕊的药。叶革质、厚，会长虫瘿。

◀树皮 灰白色，成为老树之后会有鳞状树皮剥落。

成年树

▼叶 长 4~9 厘米。长有许多虫瘿。

	叶形	别名	米心树、蚊子树
	长椭圆形单叶	分类	金缕梅科蚊母树属
	树高	分布	日本本州（静冈县以西）至冲绳
	卵形常绿乔木 8~20 米	花色	红色
		用途	庭院树、公园树

1	2	3	4	5	6	7	8	9	10	11	12
			花期						果实		

▼虫瘿 虫瘿是昆虫寄生而引起的植物异常发育的现象。常长在叶子上，像果实一样膨胀。小图为绿色的虫瘿，里面还有虫。

观察

对着木质化后的虫瘿洞里吹气会发出声音，因而又叫"咻鸣树"。

虫瘿

▼花 雌花和雄花同株。花序的上方为两性花，下方为雄花。

两性花

雄花

海 桐

在日本传统的习俗中，为了驱鬼，会在四季转换之际将该树散发出恶臭的枝叶夹在门扇处，该树的日语名"扉"，就是从日语的"扉（门扇）"而得名的。枝头聚集有5瓣小花，簇拥开放。会散发出甜香味，刚开花的时候是白色的，之后逐渐变黄。秋天成熟的果实3裂，露出红彤彤的种子。

成年树

▲树皮 灰褐色。点状皮孔十分显眼。

▲果实 直径约为1厘米，成熟后会3裂，露出红色的种子。

▼叶 长5~10厘米，革质，有光泽，叶缘外侧卷起。互生，但在枝头呈轮生状。

叶形 倒卵形、长倒卵形单叶	**别名** 扉树
	分类 海桐花科海桐花属
树高 圆盖形常绿灌木、小乔木 2~3米	**分布** 日本本州至冲绳
	花色 由白变黄
	用途 庭院树、公园树、行道树

1	2	3	4	5	6	7	8	9	10	11	12
				花期						果实	

▼树姿 从下面开始分枝繁多，枝条横向伸展，枝头聚集有白色的花朵，簇拥绽放，散发如栀子花的花香。

雌花

观察

雌雄异株。花瓣有5片，雌花有5枚短雄蕊，子房长有柔毛。

簇花茶藨子

在灌木丛中生长，果实如蔷薇科的山楂，所以在日本叫"野山楂"。紫褐色的枝条十分显眼。叶腋处开出数朵黄绿色的小花。雌雄异株，花后，雌株会结出圆圆的果实。红色的熟果看起来虽然很好吃的样子，实则味苦、不能食用。叶薄，呈掌状分裂，3~5浅裂、互生。

叶形
宽卵形单叶

树高
株立形落叶灌木
1米

别名	木鹌上户
分类	茶藨子（虎耳草）科茶藨子属
分布	日本本州至九州
花色	黄绿色
用途	庭院树、公园树

1	2	3	4	5	6	7	8	9	10	11	12
			花期						果实		

▲雄花 萼片看起来像翘起来的花瓣。花瓣小而不显眼。雄花的花柄长。

◀果实 直径为7~8毫米的圆浆果。虽然属于可生吃果实的茶藨子属植物，但是该品种的果实就算成熟了也很苦，无法食用。

白叶钓樟

日文名为"山香"，意为"山里飘香的树"。折断枝条或是揉搓叶子散发出的香气与樟科植物特有的樟脑香气相似。发出新芽的同时长出花朵，但是花小，犹如隐藏在叶子里开放一般，所以并不明显。即使在冬天，枯叶也会留在树枝上，第二年春天才落叶。雌雄异株，但是在日本没有雄株，是仅有雌株才会结果的珍贵树木。

叶形
长椭圆形至椭圆形单叶

树高
株立形落叶灌木
3~5米

别名	饼树、山胡椒
分类	樟科山胡椒属
分布	日本本州（关东地区以西）至九州
花色	浅黄色
用途	庭院树、公园树、盆栽

1	2	3	4	5	6	7	8	9	10	11	12
			花期					果实		红叶	

▲新叶与花 刚长开的叶子之间会长出数根短花柄，上面长出小花。叶长5~10厘米。

▶红叶 叶厚，略硬，平滑的叶缘有波纹。秋天，果实成熟时为黑色。

三桠乌药

在乍寒还暖的初春时期，生长在灌木丛中的三桠乌药，几乎会让人产生只有这里才春天来了的错觉。枝条繁多，其上开出黄色的花朵。叶子长出之前开花，但因为该植物雌雄异株，雄花聚集为团状的花朵，大而华美。叶微厚，多在上部3浅裂，可通过此特征与乌樟、大果山胡椒等长同样花朵的植物区别开来。

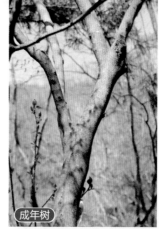

◀树皮 灰白色，有较多的圆形皮孔。

叶形	宽卵形单叶

树高	株立形落叶灌木 2~5 米

别名	檀香梅、甘橿
分类	樟科山胡椒属
分布	日本本州（关东地区、新潟县以西）至九州
花色	黄色
用途	庭院树、公园树

1	2	3	4	5	6	7	8	9	10	11	12
		花期						果实			
									红叶		

▼树姿 粗枝上散乱分枝，长出叶子之前会聚集开出数朵黄花。

雄花

观察
花序上无柄，花被片有6片。雄花上有9枚雄蕊。

▼叶芽 即使开花了，椭圆形的叶芽还被芽鳞包裹。

叶芽

▼叶 长 5~15 厘米。虽然也混杂有没有刻痕的叶子，但是叶子的先端3裂的情况较多。秋天会变成黄叶。

大果山胡椒

日文名为"油沥青"。沥青是通过油炼制而成的涂料。该树的新鲜树枝也能燃烧，其树皮、果实含油丰富，因而得此名。从前的人们会将种子榨油，用来做成油灯的油料。叶子长出之前会开出黄色的花朵，和三桠乌药有些地方是一样的，但是该树的枝条分枝纤细。

成年树

▲树皮 灰褐色，小而圆的皮孔较多。

▲幼果 直径约为1.5厘米的球形浆果。秋天成熟后呈黄褐色。

叶形		别名	群立、油沥青、莴苣
卵状椭圆形单叶		分类	樟科山胡椒属
		分布	日本本州至九州
树高		花色	黄色
株立形落叶灌木 2~5米		用途	庭院树、公园树

1	2	3	4	5	6	7	8	9	10	11	12
		花期						果实		红叶	

▼叶 长5~8厘米。无毛，先端急尖，叶缘平滑，互生。叶柄长1~2厘米，基部为红色。

叶柄

▼树姿 长出几根树干，一同群生，因而又叫"群立"。横向伸展的枝条上生长有花朵。

柄

观·察

雌雄异株。雌株、雄株的花序都有柄，可以和无柄的红梅区分开。

红　楠

在靠近海岸的丘陵地上生长，枝条粗大，可长成宽大的大树。材质没有樟树那么好，所以在日本别名又叫"犬樟"。在长出深绿色叶子的枝头上，开出许多黄绿色的小花，呈圆锥花序。叶厚，革质，有光泽，聚集生长在枝头上。春天长出的嫩叶会带有红色。圆果会在夏天从绿变黑，逐渐成熟。

成年树
芽鳞

▲树皮 灰褐色，成为老树会有裂纹。

▲冬芽 枝头上长1个冬芽。略红的芽鳞边缘会有绢毛。

▼幼果 直径为1厘米的浆果，随着果实逐渐成熟，会从深绿色变为紫黑色，但是在变成黑色之前往往会掉下来。果柄为红色。

叶形
倒卵状长椭圆形单叶

树高
卵形常绿乔木
15~20米

别名 犬樟
分类 樟科润楠属
分布 日本本州至冲绳
花色 黄绿色
用途 庭院树、公园树

1	2	3	4	5	6	7	8	9	10	11	12
			花期			果实					

▼树形 粗枝横向生长，和新叶一同在小枝的先端长出许多小花，一同绽放。

观察
花长5~7毫米，花被片有6片。其花序与略红的新叶一同伸展。

128

乌 樟

常见于灌木丛中，也常种植于庭院。春天，在新叶长开的同时，叶腋处会开出像精工细作的蜡制品般的浅黄绿色小花。平滑的暗绿色树皮上有一些黑色斑点，如黑色的文字，因而在日语里叫"黑文字"。树皮和木材有着独特的芳香，可做带黑皮的高级牙签，因此也有"牙签树"之称。

青年树

▲ 树皮 青年树皮为深绿色，有圆形的皮孔。

▲ 冬芽 正中间的叶芽呈纺锤形，左右的圆芽为花芽。

▼幼果与叶 球形，直径约为 5 毫米，秋天果实成熟之后会变黑。叶子长 5~10 厘米，叶柄带红色。

| 叶形 | 倒卵状长椭圆形单叶 |
| 树高 | 株立形落叶灌木 2~5 米 |

别名	牙签树、大叶钓樟
分类	樟科山胡椒属
分布	日本本州至九州
花色	黄绿色
用途	庭院树、公园树

1	2	3	4	5	6	7	8	9	10	11	12
		花期								果实	
										红叶	

▼树姿 被绢毛覆盖的新叶长出的同时花朵也会开放，从叶腋处垂吊下来开花，仿佛是在告知春天的到来。

雄花

观察
雌雄异株。新芽的周围包围着开放的花朵。雄花里有 9 枚雄蕊。

白文字

生长在灌木丛等地，在嫩叶发芽之前会聚集有 3~5 朵小黄花。纤细的姿态形似乌樟（在日本叫"黑文字"），又因为枝条为灰褐色，所以叫"白文字"。花比较像大果山胡椒和三桠乌药的花。叶子一般先端 3 裂，带长柄，互生。秋天叶子会染上黄色。雌雄异株，花后雌株会结出圆圆的果实。

叶形
三角状宽倒卵形单叶

树高
株立形落叶灌木
2~5 米

别名	红莴苣、深裂钓樟
分类	樟科山胡椒属
分布	日本本州（中部地区以西）至九州
花色	黄色
用途	庭院树、公园树

1	2	3	4	5	6	7	8	9	10	11	12
		花期						果实			
									红叶		

◀叶 先端 3 裂，长 7~12 厘米。两面都没有毛，叶缘平滑，3 根叶脉明显。

▼树姿 树干从植株基部长出几根，分枝繁多。花聚集生长，雌花和雄花一同长在花序的短柄上。

昆栏树

生长在山地，有光泽的叶子在枝头上，形如车轮，所以在日本又叫作"山车"。将树皮沾上水，研磨之后可用作粘鸟胶，所以也叫"粘鸟树"。1 个花序有 10~30 朵花，在枝头上开花，穗状花序十分夺目。花没有花瓣和萼片，多数的雄蕊呈放射状扩展，直径约为 1 厘米。

叶形
宽倒卵形、长卵形单叶

树高
卵形常绿乔木
10~20 米

别名	粘鸟树
分类	昆栏树科昆栏树属
分布	日本本州（山形县以南）至冲绳
花色	黄绿色
用途	庭院树、公园树

1	2	3	4	5	6	7	8	9	10	11	12
			花期						果实		

▶叶与幼果 叶长 5~10 厘米。先端尖，呈尾状，叶缘有锯齿。果实直径约为 1 厘米。短角凸出。

▼树姿与花 花组合成长约 10 厘米的花穗，开出许多花。1 朵花的中央为雌蕊，周围被雄蕊包围。

天女木兰

在日本奈良县的大峰山上开花，花形如莲，因而在日本叫作"大山莲华"。在斜向上伸展的细枝的枝头上，大而白的花朵垂首绽放，散发出甜甜的芳香。与其相似的是常被种植在庭院里的有原产于朝鲜半岛、中国的天女花，但大山莲华的雄蕊花药为紫红色。此外比较相似的品种还有，花朵朝上开放的杂交种——威斯纳木兰。

大叶大山莲华

▲花 花药为鲜红色。常作为庭院树木上市出售。

▲叶 互生。长 6~20 厘米，先端短而尖。

▼花 威斯纳木兰是天女木兰和日本厚朴的杂交种，枝头上开出的花朵带有浓烈的芳香。

| 叶形 | 倒卵形至宽倒卵形单叶 |
| 树高 | 不规则形落叶灌木、小乔木 2~5 米 |

别名	深山莲华
分类	木兰科木兰属
分布	日本本州（关东地区以西）至九州
花色	白色
用途	庭院树、公园树

1	2	3	4	5	6	7	8	9	10	11	12
				花期			果实				

▼花 直径为 5~10 厘米。花瓣看起来像 9 片，但是外侧的 3 片为萼片。雄蕊的花药为浅红色。小图为花蕾。

威斯纳木兰

观察
虽然天女木兰的花朵朝下绽放，但是该品种的花朵是朝上绽放的。

日本厚朴

在日本野生的树木中，是花和叶子最大的品种。古时名叫"朴槲"，在《万叶集》也有所记载。大叶子如撑开的遮阳伞般长在枝头上，直径甚至可达 15 厘米，奶油色的花朵朝上绽放。开花的时候还会散发出迷人的花香。叶子也有香味，可做朴叶味噌、朴叶寿司等。木材常做木屐齿和家具等。

成年树

▲树皮 灰白色。光滑、皮孔多。

▲幼果 长椭圆形，长10~15 厘米的袋果。秋天成熟后从绿色渐变成红色。

▼叶 软而大，聚集生长在枝头，长 20~40 厘米。背面生长有长软毛，带白色。

	叶形	别名	朴槲
	倒卵形至倒卵状长椭圆形单叶	分类	木兰科木兰属
		分布	日本北海道至九州
	树高	花色	白色
	卵形落叶乔木20~30 米	用途	庭院树、公园树、行道树

1	2	3	4	5	6	7	8	9	10	11	12
				花期				果实			

▼树姿 树干笔直，零散分枝。花开之后，雄蕊立刻零散地飘落。

观察

有着黄白色花药和红色花丝的雄蕊包围着雌蕊群。

辛 夷

初春，原本因寒冬而草木枯萎的野山上开始开花，远远看去，辛夷花十分夺目。从前在该树开花之时，农民们就开始耕田、播种。因而在日本有些地方就叫它"耕田樱""播种樱"。该树的枝头上长有白色的花朵，十分芳香。在开花期，花下面长出1片小嫩叶，是该树的特征。和该树相似的柳叶木兰花的下面不长叶子，所以可以以此来区别这2个树种。

成年树

▲ 树皮 灰白色，没有裂纹，树皮光滑。

▲ 叶 长6~15厘米。花谢后生长。

▼ 果实 果实表面粗糙，形如握拳状。成熟后果实裂开，露出红色的种子。

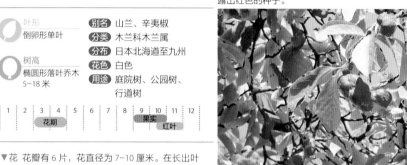

叶形	别名	山兰、辛夷椒
倒卵形单叶	分类	木兰科木兰属
树高	分布	日本北海道至九州
椭圆形落叶乔木	花色	白色
5~18米	用途	庭院树、公园树、行道树

1	2	3	4	5	6	7	8	9	10	11	12
		花期						果实			
										红叶	

▼ 花 花瓣有6片，花直径为7~10厘米。在长出叶子之前开花，花柄只长出1片小叶子。

观 察

比辛夷的花要稍微大一些，花柄上没有叶子是该树与辛夷区别开来的特征。

柳叶木兰

133

疏花鹅耳枥

新叶为红色，枝头上垂下果穗，形如日本传统用稻草编织而成的注连绳上垂挂着的纸四手，因而在日本叫作"赤四手"。雌雄同株，长出叶子的同时开花。雄花为黄褐色，细长、尾状，向下垂，十分夺目。花和叶子都小，具有日式风情，除了种植在庭院里，还可以用作盆栽。秋天叶子会染红。

▲树皮 暗灰色。有竖纹。

▲叶 长3~7厘米，互生，先端尖细，叶缘有锯齿。

叶形	别名	四手树、小四手
卵形至卵状椭圆形单叶	分类	桦木科鹅耳枥属
	分布	日本北海道至九州
树高	花色	黄褐色
卵形落叶乔木 5~18 米	用途	庭院树、公园树、盆栽

1	2	3	4	5	6	7	8	9	10	11	12
			花期					果实			
								红叶			

▼新叶 如其日本名"赤四手"，嫩枝也是红色的，这是该植物的特征。叶柄有柔毛，之后会变无。

▼树姿 树干直立，枝条柔软伸展。果穗细长，与年轻时候的浅绿色叶子不一样。

幼雄花序

果穗

观察

花序渐呈尾状垂下，长4~5厘米。

昌化鹅耳枥

灌木丛中的代表树木之一。芽和新叶长有白色的短毛，看起来白白的，因此也叫"白四手"。鹅耳枥属植物的树皮往往比较光滑，会有白色的竖纹，但是纹样最美的要数本树种。雌雄同株，花在长叶子的同时长出，枝头有雌花花穗，下方长有雄花花穗，垂下绽放。

◀树皮 黑色，平滑。纵向有网状白筋。

成年树

▼幼果 果苞形如包围果实的叶子，成熟后变为褐色。

观察

如疏花鹅耳枥般，叶子的先端尖细，果穗短。

果穗

果苞

叶形
卵形、卵状长椭圆形单叶

树高
卵形落叶乔木 10~15 米

别名 白四手、犬四手、索涅
分类 桦木科鹅耳枥属
分布 日本北海道至九州
花色 黄褐色
用途 庭院树、公园树、盆栽

1	2	3	4	5	6	7	8	9	10	11	12
			花期						果实		
									黄叶		

▼雄花序 黄褐色的花穗长 5~8 厘米，从二年生枝的枝条上垂下来。雌花从枝头先端的嫩叶之间长出。

黄叶

日本鹅耳枥

日本的固有品种。在日照充足的山野河边自生。同属的植物材质硬，但是该树是同属植物中材质最硬的，因而又被称为"坚四手"。果穗在同属植物中是最大的，呈大圆筒形朝下生长。种子成熟得较早，初秋，在叶子还是绿色的时候种子变成褐色，即使落叶种子也会留在枝条上。

叶形 长椭圆形单叶	别名	坚四手、大曽根
	分类	桦木科鹅耳枥属
	分布	日本本州至九州
树高 卵形落叶乔木 10~15 米	花色	绿、黄褐色
	用途	庭院树、公园树

1	2	3	4	5	6	7	8	9	10	11	12
		花期							果实		
									红叶		

▶ 叶 互生。长 5~10 厘米，先端尖，叶缘有锯齿。侧脉20~24对，凹陷，在叶子的背面凸出。

▼ 树姿与果穗 树形较大，"熊四手"的"熊"就是这么来的。果穗长 5~10 厘米，果苞紧密生长。

千金榆

生长在山野的河边等地，所以在日本叫作"泽柴"，意为该树喜生长在有湿气的地方，而"柴"字指杂树的小枝，同薪火的"薪"字。略微发红的树皮有浅裂纹，呈菱形。花几乎在长出新叶的同时开放。雌雄同株，雌花、雄花都呈穗状垂下绽放。果穗为长圆筒形。

叶形 宽卵形单叶	别名	泽四手、姬泽柴
	分类	桦木科鹅耳枥属
	分布	日本北海道至九州
树高 卵形落叶乔木 10~15 米	花色	黄绿色
	用途	庭院树、公园树

1	2	3	4	5	6	7	8	9	10	11	12
		花期					果实				

▶ 树皮 红褐色或浅绿灰褐色。成为老树之后，会有浅浅的呈鳞状的裂纹。

▼ 新叶与幼果 虽然叶子与日本鹅耳枥的叶子长相相似，但是会更宽大一些，基部呈心形，侧脉有15~23 对。

成年树

幼果

日本桤木

古时日本称其为榛,在《万叶集》中也有所记载。曾用作收割水稻的稻架木而种植在田埂等地,成为田地里的一道独特风景。从前一年秋天开始就生长在枝条上的花穗在初春早早开花。没有叶子的枝条上长有垂下来的雄花序,雌花序朝上生长。果实含单宁,与树皮都是人们自古常用的染料。

成年树

▲树皮 紫褐色。浅裂,呈剥落状。

▲叶 长 5~15 厘米。稍硬,先端尖锐,互生。

叶形		别名	榛树
卵状长椭圆形单叶		分类	桦木科桤木属
树高		分布	日本北海道至冲绳
椭圆形落叶乔木10~20米		花色	黑紫褐、紫红色
		用途	庭院树、公园树

1	2	3	4	5	6	7	8	9	10	11	12
	花期								果实		

▼花 与日本桤木不同,雄花的下面长有数朵雌花,朝下开花。叶子略圆。

山桤木

▼花 日本的固有品种,生长在河滩处。小枝条的先端有雄花垂下来,下面的雌花朝上生长。

河原桤木

雌花

雄花

观 察

雌雄花序都有柄,没有芽鳞的花蕾保持原样越冬。雌花在枝条上一朵朵地排列生长。

柄

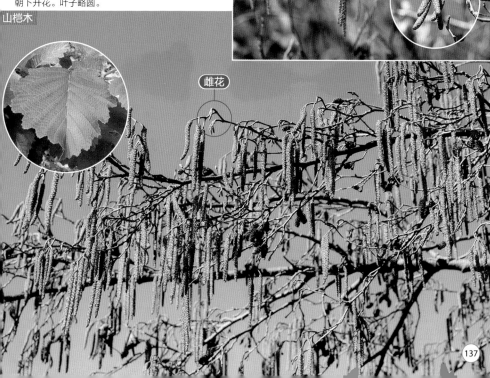

雌花

137

夜叉五倍子

果实中含有单宁，和叶子上长有的虫瘿的五倍子树一样能用作染料。表面凹凸的果实看起来比较丑陋，如夜叉一般，所以得名"夜叉五倍子"。在长出叶子之前，花朵会在初春时期开放。雌雄同株，枝头有雄花序，其下的雌花呈穗状花序生长。雄花有 2~3 朵垂下来，雌花序直立。

◀花 雄花序没有柄，呈弓状弯曲。雌花序直立。

雌花序

雄花序

▼花与果实 雌花序和雄花序都垂下来。

叶形	
狭卵形单叶	

别名	日本绿恺木
分类	桦木科桤木属
分布	日本本州至九州
花色	浅绿、紫红色
用途	庭院树、公园树、防沙树

树高
卵形落叶乔木 8~15 米

1	2	3	4	5	6	7	8	9	10	11	12
		花期							果实		

▼树姿 夜叉五倍子的枝头长有雄花序，但是在旅顺桤木的枝头按叶子、雌花序、雄花序的顺序生长。

姬夜叉

雌花序

雄花序

旅顺桤木

果实

观察

长约 2 厘米。秋天成熟，第二年开花的时候仍然残留在枝条上。

▼叶 长 4~10 厘米，先端尖锐，叶缘有细锯齿，短叶柄上叶子互生。

榛

因为该树的叶子有皱纹，日语发音与叶皱果的日语发音相似而得名。又据说是因为果实可食用，名字来源于"榛柴果""叶柴果"。对于名字的来源并没有具体的定论。枝条分枝繁多，在长出叶子之前花朵开放。枝条上的黄色雄花呈带状长长地垂下，枝条中会开出呈星形的小朵红色雌花。果实自古就被人们所食用。

叶形		
宽倒卵形单叶		

树高
株立形落叶灌木
1~2米

别名 大榛树
分类 桦木科榛属
分布 日本北海道、本州、九州
花色 黄褐色
用途 庭院树、公园树

1	2	3	4	5	6	7	8	9	10	11	12
		花期						果实		红叶	

▼雄花序 雄花序长 3~7 厘米。无柄，呈穗状垂下。也可看到红色的雌花。

◀花 榛的雌花在雄花的上方开花。

▼叶 长 6~12 厘米，先端急尖，基部呈心形，叶缘有锯齿，叶柄上叶子互生。

角榛

观 察

被芽鳞包裹，所以开花时只能看到其柱头上的一点红。

雌花

角榛的果实

▲果实 直径约为 1.5 厘米，圆形的果实被呈叶状的 2 片总苞包围。

◀幼果 果实上有角而得名"角榛"。

白 桦

在北海道等日本北方或平地可见的树木。纯白色的树皮是该树的特色，加上新绿的叶子，形成的反差美可谓是美丽的高原地的象征。雌雄同株，花在嫩叶长出的同时开放。雄花和雌花都为穗状花序，但是雄花的花穗从枝头上垂下来，小朵的雌花穗则直立生长并开花。最近，也有树木还处于年轻阶段树干就变白的品种上市。

成年树

▲树皮 白色。有横向的皮孔，树皮如纸一般薄，呈剥落状。

▲叶 先端尖，呈略圆的三角形。

▼幼果 果穗长 3~5 厘米。雌花直立生长，有 1~3 厘米长的细柄，花后成为果穗垂下。

叶形		别名	桦树
三角状宽卵形 单叶		分类	桦木科桦木属
树高		分布	日本北海道、本州（福井、岐阜县以北）
卵形落叶乔木 10~25 米		花色	暗红黄色（雄花）、红绿色（雌花）
		用途	庭院树、公园树、行道树

1	2	3	4	5	6	7	8	9	10	11	12
			花期					果实			
									红叶		

果穗

▼树姿 白色的树干笔直树立，树形美，夏天可形成绿荫，秋天的黄叶美如画，四季都能进行观赏。

雄花序

雌花序

观察

雄花序垂下，雌花序直立向上。

岳 桦

形似白桦，但是树姿更显凋零感。生长在比白桦海拔更高的地方，其名就有生长在高山的桦树之意。另外，树皮如纸般薄薄剥落。可用作书籍的封面纸等，因而又有"草纸桦"之名。花朵在嫩叶长出的同时开花。雄花花穗垂下，雌花的花穗直立，花后也直立，成熟后变成果穗。

叶形 三角状宽卵形单叶	**别名** 草纸桦
	分类 桦木科桦木属
树高 不规则形落叶乔木 10~20米	**分布** 日本北海道、本州（中部地区以北）、四国
	花色 黄褐色
	用途 庭院树、公园树

1	2	3	4	5	6	7	8	9	10	11	12
				花期					果实		
									红叶		

◀树皮 红褐色或是灰褐色，并不像白桦般是纯白色的。

▼树姿 受风雪的影响小，所以树形干净、美丽。小图为雌花序，花后直立。

成年树

水胡桃

生长在沼泽地，因而在日本叫作"泽胡桃"。另外，又因为果穗如紫藤般垂下，所以又叫"藤胡桃"。树干直立生长，奇数羽状复叶互生。花为穗状，枝头为雌花序，其下的叶腋处有数根雄花序，都呈带状垂下。果有2翅，长长垂下，十分夺目。

叶形 长椭圆形（小叶）复叶	**别名** 泽胡桃、藤胡桃
	分类 胡桃科枫杨属
树高 卵形落叶乔木 10~20米	**分布** 日本北海道至九州
	花色 浅黄绿色（雄花）、红色（雌花）
	用途 公园树

1	2	3	4	5	6	7	8	9	10	11	12
				花期		果实					

◀雄花序 长约20厘米，长出许多浅黄绿色的小花，垂下开放。

雄花序

▼幼果穗 长30~40厘米的果穗上长出10~30个果实。果实的直径不足1厘米。虽然名字有"胡桃"二字，但不能食用。

果穗

鬼胡桃

从日本的绳文时代就开始食用其树的果实。果实中的核（坚果）坚硬，有凹凸感，比较显眼，所以被冠之以"鬼"字。呈奇数羽状复叶的大叶子聚集生长在枝头上，其中立起雌花序，叶腋处有雄花序垂下。果实成串生长，秋天成熟的时候会一个个地掉落。

▲顶芽 圆锥形，先端尖，被褐色的毛。叶痕为丁字形。

▲树皮 暗灰色，纵向有裂纹。

（成年树）

▼雄花序 绿色，带状，长 10~22 厘米。小图为雌花序，呈深红色，在枝头十分夺目，花轴密生有毛。

叶形 椭圆形（小叶）复叶	**别名** 无
	分类 胡桃科胡桃属
树高 卵形落叶乔木 7~10 米	**分布** 日本北海道至九州
	花色 绿色（雄花）、 深红色（雌花）
	用途 庭院树、公园树

1	2	3	4	5	6	7	8	9	10	11	12
				花期				果实		红叶	

▼果实 卵圆形，长 3~4 厘米。密生有褐色的毛。小图为果实中的坚果。可割开果实，取出里面的种子食用。

（雌花）

观察

坚果先端尖，长约 3 厘米。比市面上的核桃要小，有皱纹。

尖叶紫柳

据说古时从朝鲜半岛传入日本。剥了皮的枝条可用来制作行李箱或篮子，所以在日本叫作"行李柳"。虽然曾因此在水田、水边等地栽培过，但是后来被塑料制的行李箱代替，所以随着城镇的开发、河流的改修等，近年这种树也变少了。圆柱状的花穗长满在细枝上，在长出叶子之前开花。

叶形		别名 小豆柳
线形单叶		分类 杨柳科柳属
		分布 原产于朝鲜半岛
树高		花色 红色
株立形落叶灌木 2~3 米		用途 庭院树、公园树

1	2	3	4	5	6	7	8	9	10	11	12
		花期		果实							

◀花穗 细长的圆柱形，几乎呈对生。

▼树姿 枝条细长伸展是该树的特征。主要用作花材，黄色的花药长出之前的枝条，被称为小豆柳。

杞 柳

虽然与尖叶紫柳相似，但是枝条弯曲，不适合制作行李箱。因为没什么用，所以在日本冠之以"犬"字，叫"犬行李柳"。生长在河边和湿地等地方，是常见的柳树品种之一。在长出叶子前开花，和尖叶紫柳一样，花穗和叶子多为对生。在庭院里常见的园艺品种有"白露锦"，新叶的颜色变成粉色、白色，十分漂亮。

叶形		别名 无
长椭圆形单叶		分类 杨柳科柳属
		分布 日本北海道至九州
树高		花色 红黄色（雄花序）
株立形落叶乔木 2~3 米		用途 庭院树、公园树

1	2	3	4	5	6	7	8	9	10	11	12
		花期		果实					红叶		

▲雄花序 雌雄异株。雄花长约 3 厘米，红色的药从黄色的花粉中长出。花的基部长出小叶。

▼叶 长 4~10 厘米，两面均无毛，几乎没有叶柄。小枝笔直伸展，略泛红色。

白露锦

细柱柳

该树是生活中常见的柳树，在《万叶集》中就有 4 首咏柳诗。银白色的花穗，姿态柔美，在日光的照射下闪闪发光，是初春的独特风景。花穗松软如猫尾巴般，所以在日本叫作"猫柳"。褐色的冬芽剥落，被白色绢毛的花穗朝上显现。雌雄异株，雄花的红色花药分裂开，里头会露出黄色的花粉。

▲幼花穗 帽子状的芽鳞裂开后，会长出被绢毛包裹的花序。

▲叶 长 7~13 厘米，先端尖，互生。

▼细柱柳的突变种。花苞为黑色，所以在雄蕊伸展出来之前，花序看起来是黑色的。嫩枝为红色。

黑柳

| 叶形 | 长椭圆形单叶 |
| 树高 | 株立形落叶灌木 1~5 米 |

别名 谷川柳
分类 杨柳科柳属
分布 日本北海道至九州
花色 红黄色（雄花序）、红褐色（雌花序）
用途 庭院树、公园树

| 1 | 2 | 3 | 4 | 5 | 6 | 7 | 8 | 9 | 10 | 11 | 12 |

花期　果实

▼花芽 从花苞中长出，被绢毛，闪耀着银色光泽的为开花前的花芽。

雄花

观察

雄花的花穗为长椭圆形，长 3~5 厘米。从绢毛之间长出雄蕊并开花。

垂　柳

通常人们说的柳树就是指垂柳。多用作行道树或是被种植在水边，但也有野生的情况。自古就被人们栽培，《万叶集》中也有记载，是为人们所熟知的树木。枝条柔软垂下，叶子伸展的同时呈穗状花序的黄绿色花朵开放。雌雄异株，但是在日本的雄株基本上不结果。

叶形
线形单叶

树高
垂枝形落叶乔木
8~17米

别名　垂枝柳
分类　杨柳科柳属
分布　原产于中国
花色　浅黄色（雄花序）
用途　庭院树、公园树、行道树

1	2	3	4	5	6	7	8	9	10	11	12
		花期	果实								

◀雄花 圆柱形，长2~2.5厘米。无花瓣，花药看起来是黄色的。

▼树姿 优雅的垂枝随风摇曳，独有一种风情。特别是叶子呈嫩绿色的时候看起来十分美丽。小图为垂柳的叶子。长8~13厘米。

龙江柳

日本植物分类学之父牧野富太郎博士在日本高知县的山里发现的树种，因长在山峰上，所以在日本得名"尾上柳"，但多在河岸边生长。常见于日本的本州中部以北地区的低地。在长出叶子之前开花，花朵盛开的时期长出嫩叶。该树的栽培品种有在日本培育的"石化柳"等。部分枝条长得比较平，宽5~6厘米。

叶形
线形单叶

树高
椭圆形落叶乔木
8~15米

别名　长叶柳
分类　杨柳科柳属
分布　日本北海道、本州、四国
花色　浅黄色（雄花序）
用途　庭院树、公园树

1	2	3	4	5	6	7	8	9	10	11	12
			花期								
			果实								

▶叶 先端尖细，长10~15厘米，别名长叶柳。嫩叶的叶缘向内侧卷曲为该树叶的特征。

▼枝 枝条的上部呈平整的带状，因枝条的独特姿态，可作为插花的材料。

石化柳

山 鸣

叶柄长，微风吹过时，叶与叶之间接触会发出飒飒的响声，所以在日本名叫"山鸣"。与同属植物统称"杨属（*Populus*）"。而一般说的"*Populus*"其实是指枝条直立呈扫帚状，拥有这样的独特树形的欧洲山杨。此外还有银白杨、辽杨等植物。都是叶子较早长出，呈带状的花朵从枝条上垂下。

叶形	宽卵形单叶		
	别名	箱柳	
	分类	杨柳科杨属	
	分布	日本北海道至九州	
树高	花色	紫红色（雄花序）、带有绿色（雌花序）	
卵形落叶乔木 10~25 米	用途	庭院树、公园树	

1	2	3	4	5	6	7	8	9	10	11	12
		花期	果实						红叶		

▼树姿 光滑偏白的树皮加上树干直立，在山中显得十分夺目。

观察

浅裂的叶子背面密生有银白色的毛，秋天叶子变黄。

银白杨

▲叶 又叫作"里白箱柳"，风吹过时叶子背面的白色会显现出来，看起来十分美丽。

◄种子 被白色绵毛的部分为辽杨的种子。

辽杨

▼树姿 枝条垂直直立，有参天之姿。

欧洲山杨

海 仙

桃红锦带花和海仙花的同属植物，呈拱状下垂的枝条十分优美，花量大，所以十分适合种植在庭院里。花呈筒状漏斗形，先端5浅裂，每个叶腋处开放2~3朵花。小型的杂色锦带花是该植物的人气斑叶品种。红锦带花也是锦带花中的高级品种，开粉色的花朵。

锦带花　成年树

▲树皮 锦带花的树皮上有灰褐色竖纹。

罗比皇后

▲叶 园艺品种罗比皇后为红叶品种。

叶形		别名	大锦带花、彩色锦带花
椭圆形、倒卵形单叶		分类	锦带花（忍冬）科 锦带花属
树高		分布	日本九州
株立形落叶灌木 1.5~3米		花色	红色
		用途	庭院树、公园树

1	2	3	4	5	6	7	8	9	10	11	12
				花期					果实		

◀花 暗红色漏斗形的花朵，长3~4厘米。花中央有白色的雄蕊，十分夺目，叶子对生。

▼斑叶品种 叶边带浅黄色，开出粉色的花苞，内侧长有白色的花朵。

斑叶品种（杂色锦带花）

罗比皇后

观察
花筒朝上，逐渐变粗大。

147

绣球天目琼花

纯白色的小花聚集成球状花序，是美丽的花树，用于观赏。看起来是花瓣的部分为萼片呈花瓣状变化的装饰花，看起来就像小型的绣球花。叶子从接近中间的地方开始被分成3部分，叶缘有粗锯齿。装饰花聚集成绣球样，所以名字里有"绣球"二字。而在日本叫"绣球肝木"，至于为什么叫"肝木"，则不得而知。

| 叶形 | 宽卵形单叶 |
| 树高 | 株立形落叶灌木 2~4米 |

别名	无
分类	五福花（忍冬）科 荚蒾属
分布	原产于东亚
花色	白色
用途	庭院树、公园树

| 1 | 2 | 3 | 4 | 5 | 6 | 7 | 8 | 9 | 10 | 11 | 12 |
花期 / 落叶

西洋绣球天目琼花

最常见的园艺品种为"雪球"。花长在新长出的枝头上，如大人的拳头般大。初开花时为绿色，之后变成白色。看起来像花瓣的部分为萼片呈花瓣状变化的装饰花。与日本的野生种大绣球花非常相像，但该品种的叶子3裂，可由此区分。

| 叶形 | 椭圆形、宽卵形单叶 |
| 树高 | 株立形落叶灌木 1.5~5米 |

别名	欧洲荚蒾
分类	五福花（忍冬）科 荚蒾属
分布	原产于欧洲
花色	白色
用途	庭院树、公园树

| 1 | 2 | 3 | 4 | 5 | 6 | 7 | 8 | 9 | 10 | 11 | 12 |
花期 / 落叶

◀叶 花呈球状开放，形如绣球，但是叶子3裂，形如槭树的叶子，这是和绣球花区别开来的特点。

▼花 无两性花，花都是装饰花，呈球状花序，聚集成花球，直径达15厘米。

▶开花初期 园艺品种"雪球"在刚开花的时候花朵为绿色，之后渐变成纯白色。

▼花 与大绣球花相似，但是花朵略显垂首的姿态，叶薄，有刻痕也是区分这2个品种的特点。

六月雪

结实耐修剪，所以常作为绿篱栽培的花树。叶腋处开出许多呈漏斗状、先端5深裂的小花。雌蕊比雄蕊长或短，在不同的植株上开放。园艺品种中，有花色为浅红色的大花的2瓣花品种，以及重瓣花品种等，也有日本培育出来的斑叶品种。

叶形
长椭圆形、倒披针形单叶

树高
株立形常绿灌木
0.5~1 米

别名 无
分类 茜草科六月雪属
分布 原产于中国
花色 白、浅红色
用途 庭院树、公园树、绿篱

1	2	3	4	5	6	7	8	9	10	11	12
				花期					果实		

▲叶 微厚，表面有光泽，长 5~20 毫米。叶缘无锯齿，斑叶品种的叶子有黄白色的斑纹。

▼花 呈漏斗状，长 1~1.2 厘米，开花时先端 5 裂。花色多为白中带紫，也有浅红和白色的。

马缨丹

叶和茎有刺，触碰到会有刺痛感。小花汇聚成绣球状，看起来就像 1 朵花。黄色或橙色的小花随着日出的变化会逐渐变成红色，所以又名"七色梅"。花团的花朵从周边到中心部分逐渐推进开花，1 个花团看起来是由多种颜色组合而成的。有斑叶品种等多个园艺品种。

叶形
卵形、卵状长椭圆形单叶

树高
株立形常绿灌木
0.3~2 米

别名 七色梅
分类 马鞭草科马缨丹属
分布 原产于热带美洲、巴西、乌拉圭
花色 白、红、粉、橙、黄、复色
用途 庭院树、公园树

1	2	3	4	5	6	7	8	9	10	11	12
				花期							
						果实					

▲叶 皱纹多，被短毛，叶子表面粗糙，对生。叶长不超过 10 厘米，叶缘有锯齿。

▼花 细长的花筒先端 4~5 裂，小花聚集在一块，直径为 2.5~5 厘米，从外侧开始开花。

149

木曼陀罗

英文名"Angel's Trumpet"是指该树种的花朵开放时形如喇叭,有"天使的喇叭"之意。在日本其名字叫"木立朝鲜喇叭花"。以前归入曼陀罗属,但是该树种的树干木质化,花朵朝下开花,以这些特性为依据,现在归入木曼陀罗属。虽然是热带植物,但是在日本关东地区以西,只要简单防寒就能越冬。花朵在傍晚到深夜会散发出甜香。

叶形		
卵形、长椭圆形单叶	别名	木立朝鲜喇叭花、天使的喇叭
	分类	茄科木曼陀罗属
树高	分布	原产于热带美洲
株立形常绿灌木、小乔木 1~5米	花色	白、红、粉、橙、黄色
	用途	庭院树、公园树

1	2	3	4	5	6	7	8	9	10	11	12
							花期				
								果实			

◀ 叶 长10~20厘米的大叶,长叶柄上长子叶互生。整棵植物有剧毒,所以要小心。

▼ 花 长20~35厘米,呈漏斗状,是有迷人香气的大花,但是在每个叶腋处只长1朵,朝下绽放。

大叶醉鱼草

从初夏到秋天不断地开花,花期长,花朵魅力十足。而且长长的花穗会散发出甜甜的香气,引来许多蝴蝶采蜜,因而英文名叫"butterfly bush(蝴蝶灌木)"。一般以蝴蝶灌木为常用名栽培的品种是原产于中国的大叶醉鱼草。有许多园艺品种,花色也很丰富。

叶形		
卵形、长椭圆形单叶	别名	紫花醉鱼草、大蒙花
	分类	北玄参(玄参)科醉鱼草属
树高	分布	原产于中国
株立形落叶灌木 2~3米	花色	白、蓝、紫色
	用途	庭院树、公园树

1	2	3	4	5	6	7	8	9	10	11	12
							花期				
								果实			

▶ 花 小花聚集在一处,花穗长15~20厘米,花香,花蜜引诱许多蝴蝶过来。

▼ 花 春天伸展的枝条上长出花芽,夏天开花,所以在新梢上一朵接一朵地开花,花期长。

水蜡树

树皮会长介壳虫，所以得此名。以前常用介壳虫分泌的白蜡给家具上蜡，使家具更显光泽。进入梅雨时期，在当年生长出来的小枝条先端，漏斗形小花呈穗状生长，会有淡淡的甜香味。目前常见的庭院树品种有金黄叶、白边叶等。同属的西洋水蜡树以英文名"privet（女贞）"上市。

西洋水蜡树

成年树

▲叶 银色的西洋水蜡树的白色镶边全年可见。

▲树皮 灰白色至灰褐色。有圆形皮孔。

▼幼果 球形，长 6~7 毫米。绿色，转熟后呈紫黑色，冬天留在枝条上。果实还是绿色的时候叶子就开始变黄。

叶形	别名	无
长椭圆形单叶	分类	木犀科女贞属
树高	分布	日本北海道至九州
株立形落叶乔木 2~4 米	花色	白色
	用途	庭院树、公园树、绿篱

1	2	3	4	5	6	7	8	9	10	11	12
				花期					果实		

▼树姿与叶 分枝繁多，耐修剪，可用作绿篱等。叶薄，无光泽，对生。

观察
花筒先端4裂开放。2 枚雄蕊的花药从花筒中略微凸出。

皋月杜鹃

在日本阴历五月也就是日语中的"皋月"开花，所以在日语里就直接叫"皋月"。花朵在新叶长出之后开花，相比普通的杜鹃要开得晚，这也是区分该植物与其他杜鹃花类植物的一种方法。花呈漏斗形，先端 5 裂，上侧的裂片带深色斑点。自生在河岸的岩石地上，自日本江户时代开始作为园艺品种栽培，除了作为庭院树外，还常用作盆栽。

叶形 披针形、宽披针形单叶	别名 皋月
	分类 杜鹃花科杜鹃花属
树高 株立形半常绿灌木 1 米	分布 日本本州（神奈川县以西）、九州
	花色 赤红、紫红色
	用途 庭院树、公园树、绿篱、盆栽

1	2	3	4	5	6	7	8	9	10	11	12
				花期				果实			
										红叶	

◀叶 先端尖，长有浅褐色的刚毛。枝头长有数片叶子，初春长出的春叶为黄色或红色。

▼花 直径为 3.5~5 厘米，呈漏斗形，小枝头上开出 1~2 朵花。花瓣上有 1 片深色的斑纹。

斑

美国岩南天

植株不直立，从地际长出弓状枝条，群生，无论是阴处还是向阳处都能结实生长，常被用作地被植物。市面上有叶肉略厚且有光泽的奶油色品种，或是叶子为黄色、红褐色带斑的园艺品种等。白色的吊钟状小花呈穗状花序，在叶腋处垂下绽放，但是由于被叶子遮盖，所以花朵并不显眼。

叶形 椭圆状披针形单叶	别名 西洋岩南天
	分类 杜鹃花科木藜芦属
树高 株立形常绿灌木 1~1.5 米	分布 原产于北美洲
	花色 白色
	用途 庭院树、公园树、绿篱

1	2	3	4	5	6	7	8	9	10	11	12
				花期	果实						

三色

▲叶 比起花，粉色、黄色、深紫色的多彩斑叶更具观赏性。

▼花 二年生枝的各个叶腋处长出长 7~8 厘米的花序，白色的铃兰状花朵呈穗状花序，花量大。

三裂树参

生长在温暖的海岸边，但是也能在日阴处生长。常用作建筑物北侧的掩盖物。如倒扫帚状的树形，在其上部长出叶子，形如可以遮盖身形的蓑衣，所以在日本又叫"隐蓑"。青年树的叶子和嫩枝上长的叶子3~5深裂，但是成为老树之后叶子没有刻痕，叶多。

`成年树`

▲树皮 灰白色、光滑。有圆而小的皮孔。

▲叶 青年树和嫩枝上的叶子 3~5 深裂。

▼红叶 叶长 7~12 厘米，厚，有光泽。常绿，但是在秋天至冬天会变成红叶，有些还会掉落。

叶形	别名	三手
卵形、倒卵形单叶	分类	五加科树参属
树高	分布	日本本州（关东地区以西）至九州
株立形常绿小乔木至乔木 3~8 米	花色	黄绿色
	用途	庭院树、公园树、行道树、绿篱

1	2	3	4	5	6	7	8	9	10	11	12
						花期				果实	

▼果实 长约1厘米的宽椭圆形果实，成熟时为紫黑色。栗耳短脚鹎喜食，并通过排泄散播种子。

`观察`

长出花朵和结出果实的成年树木的叶子没有刻痕。

西伯利亚红瑞木

分布在中国东北部至西伯利亚、朝鲜半岛北部地区的红瑞木的园艺品种。因树干和枝条为红色而得此名。落叶后或是在严寒的冬天，其颜色更为鲜艳，可为冬天缺乏色彩的庭院增添一抹靓丽的色彩。常被栽培用作庭院树，剪掉的枝头可做插花。有带斑品种。

▲叶 先端尖，长 4~8 厘米，有长柄，对生。

▲枝干 落叶和寒冷让枝干更显红色。

▼果实 秋天的红瑞木果实在成熟时变为白色，但又略带点绿色。

红瑞木

叶形
卵形、椭圆形
单叶

树高
株立形落叶灌木
3 米

别名	珊瑚美人
分类	山茱萸科山茱萸属
分布	原产于亚洲东部
花色	黄白色
用途	庭院树、公园树

1	2	3	4	5	6	7	8	9	10	11	12

花期　果实　落叶

▼叶 带斑品种花叶红瑞木的绿叶边缘有白色镶边斑纹，从春天至秋天都可欣赏到美丽的叶子。小图为花朵。

花叶红瑞木

观察
枝头上聚集开放有花朵。1朵花的直径为 5~7 毫米，有4片花瓣、4枚雄蕊。

香桃木

传说是爱神维纳斯手捧的花朵。该花作为美与贞洁的象征常被人们用作婚礼上的花环，所以又有"庆祝之树"的叫法。香桃木为其草本名称，也是为人所熟知的名字。花的香气迷人，形如白色梅花的5瓣花在每个叶腋处生长、开花。叶子有光泽，为亮绿色，对生。受伤后会散发出果香味。

叶形	披针形单叶
树高	株立形常绿灌木 1~3 米

别名	庆祝之树、银梅花
分类	桃金娘科香桃木属
分布	原产于地中海沿岸至欧洲西南部
花色	白色
用途	庭院树、公园树、绿篱

1	2	3	4	5	6	7	8	9	10	11	12
						花期				果实	

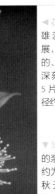

◀花 大量的雄蕊长长伸展，开出动人的、让人印象深刻的白花。5 片花瓣，直径约为2厘米。

▼果实 球形的浆果，直径约为1.3厘米。秋天果实成熟后，香甜可食用。

蒂牡花

开出高雅的深紫蓝色花朵。花朵的寿命短，很快就凋谢，但是花蕾会一个接一个地长出，一直开到晚秋时期。雄蕊的长花药弯曲，形如蜘蛛的脚，又有"巴西蜘蛛花"之称。耐寒，不降霜的时候可在户外越冬。

叶形	长椭圆形单叶
树高	株立形常绿灌木 1~3 米

别名	巴西蜘蛛花
分类	野牡丹科蒂牡花属
分布	原产于巴西
花色	紫色
用途	庭院树、公园树

1	2	3	4	5	6	7	8	9	10	11	12
							花期				果实

▼花与叶 花的直径约为 7 厘米，5 瓣花。10 枚雄蕊中有 5 枚较长，细长的花药弯曲。叶长约 10 厘米。叶缘光滑，两面都密生有柔毛，平行脉明显。

石 榴

原产于伊朗周边，是在公元前就被人们栽培的树木。在平安时代经由中国传入日本。果实中的种子多，因此是丰收、多产的象征。在梅雨时期枝头开出鲜艳的红色花朵。品种中有矮生、果实小的姬石榴。开重瓣花、具有观赏性的"花石榴"在江户时代之后培育出了许多品种。

姬石榴

▲果实 直径为5~8厘米，先端有萼片残留，成熟后果皮开裂。

▲花 花和果实都比较小，植株整体比较小。

▼可以观赏美丽花朵的园艺品种。雄蕊如花瓣般的重瓣花品种，不结果。

花石榴

叶形
长椭圆形单叶

树高
不规则形落叶
小乔木
5~6米

别名 无
分类 千屈菜科石榴属
分布 原产于地中海沿岸至喜马拉雅地区
花色 红色
用途 庭院树、公园树

1	2	3	4	5	6	7	8	9	10	11	12
					花期				果实		

▼树姿 细枝分枝繁多，枝条上有长刺。枝头开有3~5朵直径达5厘米的花朵。

观察
花瓣有6片、薄、微皱。

刺

紫　薇

原产于中国南部，江户时代传入日本。树皮容易剥落，表面光滑，据说即使是猿猴都因为太光滑而爬不上树，因而在日本又叫作"猿滑"。从炎夏开始花朵盛开，到秋风吹拂的时节，白色、粉色、红色等花朵接连开放。花期长，所以又名"百日红"。在日本冲绳有开出小白花的品种，叫"九苓"。

▲树皮 浅褐色，光滑。薄，剥落的痕迹会变白。

▲红叶 叶厚、有光泽，秋天会变为红色。

▼果实 长 7~10 毫米的椭圆形果实，枝头上结出许多果实。小图为比紫薇的花朵要小的花。

九苓▲

叶形		别名	百日红
倒卵状椭圆形单叶		分类	千屈菜科紫薇属
		分布	原产于中国南部
树高		花色	粉、白、紫红、浅紫、复色
不规则形落叶小乔木3~9 米		用途	庭院树、公园树、行道树

1	2	3	4	5	6	7	8	9	10	11	12
						花期					
								果实			
									红叶		

▼树姿 枝条呈弓状弯曲，横向扩展，呈不规则的横椭圆形。花朵聚集在枝头开放。

花

观 察
圆圆的 6 片花瓣皱缩起来，基部呈细线状。

红 荆

原产于中国，在江户时代传入日本。枝条如柳叶般微微垂下。呈鳞片状的小叶子密生在枝条上，一眼看去像针叶树。细穗状的花朵 1 年开 2 次。春天的花朵会稍大一些，但是不结果。第二次开花是在夏天到秋天的时候，花朵较小，但是会结果。

叶形 长椭圆形、针状鳞片单叶	
树高 椭圆形落叶小乔木 5~8 米	

别名	柽柳
分类	柽柳科柽柳属
分布	原产于中国
花色	浅红色
用途	庭院树、公园树、绿篱、盆栽

1	2	3	4	5	6	7	8	9	10	11	12
				花期			花期		果实		

梧 桐

叶子形似桐树叶，树皮为蓝绿色，所以在日本叫"青桐"。中国常叫"梧桐"。在中国，有"梧桐一叶落，天下尽皆秋"的谚语，梧桐树是告知秋天到来的树木。在日本该树是夏天的树木。初夏时期在开出许多黄绿色、无花瓣的小花后，结出呈袋状的果实。5 个舟形的果实裂开，边缘结出数粒圆形的种子。

叶形 宽卵形单叶	
树高 卵形落叶乔木 10~15 米	

别名	青桐
分类	锦葵（梧桐）科梧桐属
分布	日本本州（伊豆半岛、纪伊半岛）、四国（爱媛县、高知县）、九州（大隅半岛）、冲绳
花色	黄绿色
用途	庭院树、公园树、行道树

1	2	3	4	5	6	7	8	9	10	11	12
				花期					果实	红叶	

◀叶 长 1~3 毫米，略显蓝色，呈细鳞片状，叶子在枝条上重叠密生。

▶果实 呈袋状，包围果实的皮呈舟形，5 裂，裂片边缘有青豌豆般大小的种子。

▼花 春天开出的花朵是二年生枝上长出的。夏秋开出的花朵是在春天新长出来的枝条上开的。花瓣有 5 片。

▼花 只有萼片的小花，圆锥花序，下垂，花量大。叶子有长柄，呈掌状，3~5 裂。

红淡比

除了生长在山林中以外，还作为神圣的树木被种植在日本神社的院内。叶子常绿茂密，所以有"荣树"的叫法。叶腋处长有1~3朵小朵的5瓣花，朝下开花。花朵初时为白色，渐变成浅黄色。果实在晚秋成熟，为紫黑色。

叶形
长椭圆状宽披针形单叶

树高
卵形常绿乔木
8~12米

别名 真榊、本神榊
分类 五列木（山茶）科红淡比属
分布 日本本州（关东地区以西）至冲绳
花色 由白色变为黄色
用途 庭院树、公园树

1	2	3	4	5	6	7	8	9	10	11	12
					花期					果实	

◀枝叶 叶厚，有光泽。长约8厘米。叶子互生，在日本常将该树的枝条用于祭祀活动中。

▼花 直径约为1.5厘米，花在叶腋处长有1~3朵，朝下开。花瓣有5片，从白色渐变成黄色。

厚皮香

叶厚，有光泽，密生，形成端正的树形。有气派，氛围沉稳，是庭院树木的"王者"。木材细密，是日本冲绳县重要的建筑木材，冲绳的首里城正殿就用到了这种木材。有香味的黄白色花朵朝下开放。与兰科的石斛香味相似，所以又称为"木斛"。秋天结出红果，十分夺目，别名"红果树"。

叶形
椭圆状卵形单叶

树高
椭圆形常绿乔木
10~15米

别名 红果树
分类 五列木（山茶）科厚皮香属
分布 日本本州（关东地区南部以西）至冲绳
花色 黄白色
用途 庭院树、公园树

1	2	3	4	5	6	7	8	9	10	11	12
					花期					果实	

▶叶 长4~6厘米，无毛，有光泽，叶缘平滑，叶子聚集生长在枝头上。叶柄为红色。

▼果实 球形蒴果，直径为1~1.5厘米。成熟后肉厚的果皮裂开，露出红色的种子。

夏山茶

在梅雨时期，圆形的花蕾开放，似要将叶子隐去，有皱纹的白色花瓣有 5 片显现，花朵绽放，具有沉稳的风情。直径约为 5 厘米的高雅的大型花朵，是早上开花日落凋谢的一日花。与山茶花相似的花朵，在夏天开放，所以得此名。别名沙罗树，与印度的沙罗双树是不一样的树木。

果实

成年树

▲树皮 光滑，薄剥落状，剥落的痕迹为灰白、灰红褐色。

▲果实与冬芽 裂开的果实在落叶之后残留在枝条上。

叶形
椭圆形至长椭圆形单叶

树高
椭圆形落叶乔木
10~20 米

别名	沙罗树、梅雨山茶、夏椿
分类	山茶科紫茎属
分布	日本本州（福岛县、新潟县以西）至九州
花色	白色
用途	庭院树、公园树

1	2	3	4	5	6	7	8	9	10	11	12
					花期			果实		红叶	

▼红叶 叶子略厚，长 4~10 厘米，有短柄，互生。秋天会长出美丽的红叶。

▼花 直径为 5~6 厘米。在靠近新梢基部的叶腋处开出花朵，1 天内凋谢。小图为圆花蕾。

观 察

花瓣有 5 片，边缘为波浪纹，有细锯齿。

姬沙罗

分布在日本神奈川县以西山地的日本固有树木，是夏山茶的近亲品种，花和叶都小，因而得此名。树皮呈红褐色，十分美丽，纤细的枝条也具有很高的观赏价值，是人气庭院树。与山茶花相似的白色 5 瓣花在叶腋处开放。花朵散落后，花瓣和雄蕊会一起掉落，不会只有花瓣散落。

老树

▲树皮 浅红褐色，光滑。树皮薄，剥落后呈斑纹状。

▲冬芽 长7~10毫米。芽鳞有 4~6 片。

▼红叶 叶长 4~8 厘米。叶缘有锯齿，长有细毛。随着天气变冷，叶子的红色会逐渐加深。

叶形	椭圆形至长椭圆形单叶	别名	猿滑、猿田木、日本紫茎
树高	椭圆形落叶乔木 12~15 米	分类	山茶科紫茎属
		分布	日本本州（关东地区南部以南）至九州
		花色	白色
		用途	庭院树、公园树、盆栽

1	2	3	4	5	6	7	8	9	10	11	12
					花期			果实			
									红叶		

▼花 直径为 1.5~2 厘米，开花量大。5 片花瓣的外侧密生有白色的绢毛。

观察

枝叶上有白色的绢毛。花朵小，这点可与夏山茶相区别。

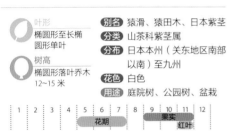

161

黄栌

花小、不明显，但是花后花柄呈丝状伸展，如同柔软的羽毛，看上去就像袅袅炊烟，因而又叫"烟树"。雌雄异株，长成烟状的是雌株。"烟"的颜色有浅绿色的和带紫红色的，还有铜色叶和黄叶的园艺品种。在寒冷地区，圆圆的叶子在秋天会变成美丽的红叶。

叶形
卵形至倒卵形
单叶

树高
圆盖形落叶灌木
3~5米

别名	烟树、红叶树
分类	漆树科黄栌属
分布	原产于中国、欧洲等地
花色	浅绿、紫红色
用途	庭院树、公园树

1	2	3	4	5	6	7	8	9	10	11	12
					花期			果实		红叶	

▲雌花 花瓣有 5 片，直径为 3 毫米。开花多，但是花朵小，并不明显。花谢之后花柄会伸展。

▼雌花序 圆锥花序，长约 20 厘米，花柄伸长，花序整体柔软如烟。

香椿

会长出红色的新芽，在枝干上方笔直伸展，也因这种树形而为人所熟知。在江户时代初期传入日本，中文名叫"香椿"，就直接照搬到日本了。羽状复叶，叶子从鲜红色向浅黄色转变，之后又变成绿色。枝头上长有白色小花，呈圆锥花序，多朵花垂下。花和叶子带有独特的香气，新芽可以食用。

叶形
卵状长椭圆形
（小叶）复叶

树高
卵形落叶乔木
10~20米

别名	香椿芽、香桩
分类	楝科香椿属
分布	原产于中国北部至中部
花色	白色
用途	庭院树、公园树、行道树

1	2	3	4	5	6	7	8	9	10	11	12
					花期				果实 红叶		

▶ 树皮 暗褐色，纵向剥落。木材为红褐色，可用来制作家具，英文名叫"Chinese Mahogany（中国桃花心木）"

▼新叶 浅红色的新叶十分美丽，所以常用作庭院树。有香气，如楤木的芽般可以食用。

成年树

珍珠梅

因花呈穗状，羽状的叶子形如杂色花楸，因而又被称为"穗开杂色花楸"。奇数羽状复叶，叶互生。枝头开出白色的 5 瓣小花，密集生长，穗状花序。1 朵花的直径为 5~6 毫米，有许多雄蕊从花朵中凸出。与该树相像的华北珍珠梅，其雄蕊虽长，但是和花瓣长度大致相同，所以没有该树的雄蕊那么凸出。

叶形
宽披针形、披针形（小叶）复叶

树高
株立形落叶乔木
2~3 米

别名 无
分类 蔷薇科珍珠梅属
分布 日本北海道、本州（下北半岛）
花色 白色
用途 庭院树、公园树

1	2	3	4	5	6	7	8	9	10	11	12
						花期	果实		红叶		

▲新芽 初春时期长出染红的新芽。

◀花 有 40~50 枚雄蕊，长度是花瓣直径的 2 倍左右，从花中凸出，如泡沫般开花。

粉花绣线菊

在日本叫"下野"，因最初在日本发现该树的地方是下野（栃木县）而得名。生长在山野里，但是和珍珠绣线菊、麻叶绣线菊是同属植物，花朵美丽，自古就被栽培于庭院等地。从地际分枝，生长繁茂，枝头有小花呈半球状开放。花朵有甜香味，有许多长长的雄蕊从花中凸出，花朵整体给人一种温柔的感觉。

叶形
卵形、宽卵形
单叶

树高
株立形落叶灌木
0.5~1 米

别名 木下野
分类 蔷薇科绣线菊属
分布 日本本州至九州
花色 深红、红、浅红、白色
用途 庭院树、公园树、盆栽

1	2	3	4	5	6	7	8	9	10	11	12
				花期				果实		红叶	

▶叶 长 3~8 厘米，先端尖，叶缘参差不齐，有锯齿，互生。

▼花 1 朵花的直径为 3~6 毫米，多数聚集在一起形成 1 个花序，直径约为 7 厘米。小图为白花绣线菊。

163

泽八仙花

在花中心部分的两性花的周边，带长柄的装饰花如画框般将花朵包围，虽然像额绣球花，但是该品种的花和叶会稍微小型一些，整体有种小而纤细的感觉。分布在日本北海道的虾夷绣球，以及用作甜味剂、自古就被人们所栽培的甘茶等都是该品种的变种。还有其他许多园艺品种，是人气庭院树。

甘茶

▲花与叶 略带紫红色的叶子含有甜味成分，可做甜茶、甜味料和药用。

观察
花瓣状的萼片先端圆。萼片重叠在一起，看似只有1片。

叶形		别名	泽绣球花、小额、山紫阳花
长椭圆形至卵状椭圆形单叶		分类	绣球（虎耳草）科绣球属
树高		分布	日本本州（关东地区以西）至九州
株立形落叶灌木 1~2米		花色	白、浅紫、浅红色
		用途	庭院树、公园树、盆栽

1	2	3	4	5	6	7	8	9	10	11	12
				花期					果实 红叶		

▼花 比泽八仙花要整体大一些，花序直径约为17厘米。

虾夷绣球

▼花 重瓣装饰花与两性花均为蓝色。深山八重紫是在日本京都北堀峠发现的重瓣花形的名花。

深山八重紫

两性花

装饰花

▲叶 长10~15厘米，先端长而尖，叶缘有明显的锯齿。质薄，对生。

骏河黄金

◄▲叶与花 也有叶色美丽的品种，没有花朵的时期也具有观赏性。小图为长白花的骏河黄金。

装饰花的直径约为 2
厘米，有 3~4 片萼片，
两性花的花瓣有 5 片，
10 枚雄蕊凸出。

两性花

▲树姿 生长在
潮湿的林内、沼
泽边等地，因而
也叫"泽绣球
花"。有白、粉、
浅蓝等花色，变
化多样。

泽八仙花的苔球

▶树姿 具有纤瘦
温柔的姿态，装
饰在苔球、小型
盆栽等处，独具
风情。

装饰花

165

额绣球花

花中心的颗粒状部分才是真花。周边被装饰花包围，看起来像镶边框一样而得名。花朵美丽，所以常被人们种植在庭院里。虽然像泽八仙花，但是整体要大一些，叶子生长繁盛到几乎看不到枝条的程度。枝头长有花序，直径为10~20厘米，装饰花上呈花瓣状的萼片一般有4片。

绣　球

在日本叫"紫阳花"，据说是根据日语发音"集（azu）"和"真蓝（saai）"，合在一起而得名，有美丽的蓝色小花聚集在一起开放之意，是在日本奈良时代就被人们用来观赏的植物，《万叶集》中也有两首关于绣球的诗作。19世纪日本的绣球花传到了欧洲，并经过品种改良后以学名"Hydrangea"反向输入日本并普及推广，成为被许多人所熟知的植物。

叶形	别名	额、额花、额草
长椭圆形至卵状椭圆形单叶	分类	绣球（虎耳草）科绣球属
	分布	日本本州（房总、伊豆、三浦半岛及和歌山神岛）、四国（足摺岬）
树高	花色	白、紫、浅红、浅紫蓝色
株立形落叶、半常绿灌木 2~3米	用途	庭院树、公园树、绿篱

叶形	别名	西洋绣球花
椭圆形、宽卵形单叶	分类	绣球（虎耳草）科绣球属
	分布	原产地不明的园艺品种
树高	花色	浅紫蓝色
株立形落叶灌木 1~2米	用途	庭院树、公园树、绿篱

1	2	3	4	5	6	7	8	9	10	11	12
					花期					果实 红叶	

1	2	3	4	5	6	7	8	9	10	11	12
					花期				红叶		

果实

◀果实 花中心的两性花，在花后，萼片和雌蕊的花柱会残留下来，并结出果实。

▼花 两性花有5片花瓣和10枚雄蕊，装饰花的萼片宽，稍微重叠在一起。

▲花 额绣球花的两性花均变成装饰花呈绣球状开花，根据土壤酸度的不同花色会产生变化。

▼花 日本的绣球经欧洲改良，培育出了西洋绣球花，花色丰富。

西洋绣球花

美国绣球

从地际长出许多纤细的枝条，枝头上的装饰花呈绣球状聚集在一块，开出白色的花朵。园艺品种"安娜贝尔"，浅绿色的花蕾慢慢变白，之后长成直径达30厘米的大绣球状纯白花团。目前，市面上还有粉色的安娜贝尔。花后，还能欣赏到花瓣从绿色逐渐枯萎转变成褐色的独特风情。

叶形	别名	雪山八仙花、雪山绣球
卵形、卵状椭圆形单叶	分类	绣球（虎耳草）科绣球属
	分布	原产于北美洲东部至东南部
树高	花色	白色
株立形落叶灌木 1~3米	用途	庭院树、公园树

1	2	3	4	5	6	7	8	9	10	11	12
					花期				红叶		

粉花安娜贝尔

◀花 开始开花的时候红色比较深，之后慢慢变成浅粉色。比白花安娜贝尔的花姿更要纤细一些。

▼花 春天长出花芽，夏天开花。每朵花虽然小，但是松软轻飘地组合在一起，形成大花团，看起来十分有魅力。

栎叶绣球

叶呈掌状，5~7裂，有刻痕，因与栎属槲树的叶子形似而得此名。长出带奶油色的白花，圆锥花序，花量大。有在直径约为20厘米的花团中装饰花十分夺目的单瓣品种"雪皇后"及重瓣花品种"雪球"等，都十分有人气。叶子在晚秋时期会变成鲜艳的红铜色红叶。

叶形	别名	柏叶紫阳花
卵形单叶	分类	绣球（虎耳草）科绣球属
	分布	原产于北美洲东南部
树高	花色	白色
株立形落叶灌木 1~2米	用途	庭院树、公园树

1	2	3	4	5	6	7	8	9	10	11	12
					花期				红叶		

▶叶 长8~25厘米，5~7浅裂。秋天可观赏到染红的魅力红叶。

▼树姿 树干直立，有花团大的圆锥花序。装饰花由圆形的4片萼片组成，有单瓣和重瓣花。

弗吉尼亚鼠刺

明治时期开始传入日本，主要作为庭院树栽培。与日本的鼠刺属植物相比，叶子要小，所以在日本又叫作"小叶瑞菜"。因为与栲叶树长相相似，所以又叫作"姬栲叶树"。初夏，枝头上呈穗状花序的小花绽放。有花香、略黄的白色花朵中有长长的雄蕊凸出来。微薄柔软的叶子在秋天变成红叶，十分美丽。

叶形
椭圆形、倒卵形
单叶

树高
株立形落叶灌木
1~1.5米

别名	北美鼠刺、姬栲叶树
分类	鼠刺（虎耳草）科 鼠刺属
分布	原产于北美洲东部
花色	白色
用途	庭院树、公园树、盆栽

1	2	3	4	5	6	7	8	9	10	11	12
				花期			果实			红叶	

亨利石榴石

◀花 园艺品种，许多长条的花穗垂下来绽放，十分优雅。

▼树姿 植株基部开始长出许多条枝条，长约10厘米如刷子般的花穗上有许多小花。

黑花蜡梅

从地际群生出枝条，横向扩展。因在新枝的枝头上有近乎黑色的巧克力色花朵朝上绽放而得名，花量大。花朵散发出如草莓般的甜香味，叶子的背面密生有短毛，是该植物的特征。比较相像的美国蜡梅也叫"黑花蜡梅"，但是美国蜡梅没有花香，叶上无毛。

叶形
卵形、长椭圆形
单叶

树高
株立形落叶灌木
1~2米

别名	香蜡梅
分类	蜡梅科夏蜡梅属
分布	原产于北美洲东南部
花色	红褐色
用途	庭院树、公园树

1	2	3	4	5	6	7	8	9	10	11	12
				花期						红叶	
				果实							

▲叶 长5~12厘米，叶缘平滑，先端尖，有叶柄，对生。秋天叶子变黄。

▼树姿 多枝繁茂，花色罕见，所以除了可用作庭院树外，还常用作茶席上的装饰花。花朵直径为4~6厘米。

澳大利亚朱蕉

从直立的树干的上部长出有光泽的剑状叶子并向四方扩展，展现出独特的姿态，常见于庭院、公园、校园等地。树姿形似棕榈，又带有花香，所以又名"香棕榈兰"。密生的叶间有呈圆锥花序的大花穗长出，有许多小白花。花后结出的圆果在第二年秋天会成熟，变为蓝白色。

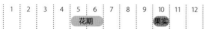

叶形	别名	龙血树
披针形单叶	分类	天门冬（龙舌兰）科朱蕉属
树高	分布	原产于新西兰
椭圆形常绿小乔木 4~6米	花色	白色
	用途	庭院树、公园树

1	2	3	4	5	6	7	8	9	10	11	12
				花期					果实		

▲叶 革质，有光泽，长40~60厘米的长剑状。叶子先端尖，无柄，在树干的先端密生。

▼树姿 树干笔直伸展，成为老树之后会分枝。圆锥花序长30~40厘米。

凤尾兰

从树干的先端聚集生长的硬剑状叶间长出花茎。在初夏和秋天开花2次，长出许多朝下的乳白色花朵。有直径可达10厘米的吊钟形花朵在夜间绽放，有甜香味。在日本需要有丝兰蛾才能进行授粉、结果。相似的植物有君代兰，叶薄且细长垂下。

叶形	别名	厚叶君代兰、美国君代兰
剑状单叶	分类	天门冬（龙舌兰）科丝兰属
树高	分布	原产于北美洲南部
株立形常绿灌木 1~2米	花色	乳白色
	用途	庭院树、公园树

1	2	3	4	5	6	7	8	9	10	11	12
				花期					花期		

▶叶 长60~75厘米，叶厚、硬，先端尖锐呈针状。深绿色渐变为灰绿色，不会下垂。

▼树姿 从茎的中心处长出1~2米高且直立生长的花茎，开出许多白色的钟形花。

棕榈

不分枝，在笔直生长的树干顶部大叶子朝天扩展。圆柱形的树干为黑褐色，被称为棕榈皮，被厚厚的纤维所覆盖，这种纤维可制作绳子、扫帚、褥子等。叶子深裂，呈扇形扩展，成为老树后叶子中间会下折。相似的植物为唐棕榈，叶子先端不下垂，这点是区分这两种植物的方法。

叶形		
圆形单叶	别名	和棕榈
	分类	棕榈科棕榈属
树高	分布	日本九州
卵形常绿乔木	花色	黄色
5~10米	用途	庭院树、公园树

1	2	3	4	5	6	7	8	9	10	11	12
				花期				果实			

唐棕榈

◀叶 略小、叶硬、叶子先端不会下垂，其姿态受人们喜欢，所以被常被种植在庭院里。

▼雄花 掌状深裂的叶子先端垂下来，叶腋处聚集有黄色粟粒状的花串，垂下生长。

棕榈

苏 铁

树势弱，在出现像是要枯萎的样子时，给其补充铁粉就又会复苏过来，所以叫"苏铁"。树干上朱红色的成熟大粒种子含有淀粉，晒干水分后可去除有毒成分，是在饥荒的时候食用的特殊食物。雌雄异株，叶子展开生长在树干的先端，圆柱形的雄花直立，雌花长成球形。

叶形		
线形（小叶）复叶	别名	铁树、凤尾蕉
	分类	苏铁科苏铁属
	分布	日本九州（南部）、冲绳
树高	花色	黄色（雄花）、浅褐色（雌花）
株立形常绿灌木 2~4米	用途	庭院树、公园树

1	2	3	4	5	6	7	8	9	10	11	12
					花期				果实		

▶叶 羽状复叶，长50厘米以上，在树干先端轮生。有光泽的小叶长10厘米，先端尖。

▼ 花 雄花长40~60厘米，雌花为球形，直径为10厘米。雌、雄花都长在树干的先端。

雄花

雌花

栀子花

每个枝头的叶腋处开出 1 朵散发出甜香味的纯白色花。在日本有"无口"的叫法，是因为该树的果实即使成熟了也不开口。将棋盘和围棋盘的盘脚就是仿照该树的果实形状制作的，有光说没用的意思。干燥的果实在日本平安时代可用作染料等。有大朵的重瓣花"大重瓣栀子花"和小型的栀子等许多种类。

大重瓣栀子花

▲果实 长 2~3 厘米，先端残留有萼片。单瓣花会结果。

▲花 用作绿篱等常见的重瓣花品种。

▼叶 革质，有光泽，长 5~12 厘米，先端尖，叶缘平滑，两面无毛，对生。

叶形
倒披针形、长椭圆形单叶

树高
株立形常绿灌木
1~2 米

别名 木丹
分类 茜草科栀子属
分布 日本本州（静冈县以南）至冲绳
花色 白色
用途 庭院树、公园树、绿篱

1	2	3	4	5	6	7	8	9	10	11	12
					花期					果实	

▼树姿 从植株基部长出枝条，分枝繁多，横向扩展。傍晚的时候开出散发甜香味的花朵，第二天会变黄。

观察
花的直径为 5~6 厘米，一般为 6 裂，平开。雄蕊和裂片的数量一致。

雄蕊

变黄的花朵

171

大花六道木

有许多园艺品种，其英文名"Abelia"也为人所熟知。耐砍伐和耐大气污染，所以适合种植在道路旁，或是用作绿篱等。略带浅粉色的白色漏斗形花朵从初夏一直开到晚秋。花先端5裂，垂首长在枝条上，有温柔的花香。花散之后会留下美丽的褐色花萼。

		别名	花冲羽根空木、阿贝利亚
叶形	卵形至椭圆形单叶	分类	忍冬科六道木属
树高	株立形半常绿灌木 1~1.5 米	分布	园艺品种（意大利）
		花色	白、粉色
		用途	公园树、行道树、绿篱

1	2	3	4	5	6	7	8	9	10	11	12
						花期					
									果实		

▲花萼 如飞机螺旋桨般展开的花萼在花落后仍留在枝条上，虽然十分夺目，却不能长出种子。

▼花 长 1.5~2 厘米。固定生长在枝头或叶腋处开花。花期长。花的内侧没有斑纹。

夹竹桃

据说是在江户时代经中国传入日本的植物。叶子如竹子般细长，开出的花朵如桃花般，所以得此名。耐大气污染，所以常用作行道树。有单瓣、重瓣的品种，盛夏的时候会接连开花。因为是有毒的植物，所以要小心不要误食。

		别名	无
叶形	狭长椭圆形单叶	分类	夹竹桃科夹竹桃属
树高	株立形常绿小乔木 3~6 米	分布	原产于印度
		花色	白、桃、红、橙色
		用途	公园树、行道树、绿篱

1	2	3	4	5	6	7	8	9	10	11	12
					花期				果实		

▶ 叶 两端尖，叶厚，革质，有光泽，长6~20厘米。一般每 3 片叶轮生。

▼树姿 从植株基部分枝，形成半球形的树冠，枝头上直径为 4~5 厘米的漏斗形花朵接连开放。

日本女贞

除了自然生长在日本关东地区以西的山地外，也常用作庭院树、绿篱等。其成熟果实呈紫黑色，如红豆般大小，就像老鼠的粪便一样，而叶子又像全缘冬青，所以在日本叫作"鼠黐"（日语中的黐即全缘冬青）。夏天，枝头上会长满白色、呈圆锥花序的小花。花朵不怎么香，但是将肉厚、有光泽的叶子碾碎后会有甜甜的香味。

叶形
椭圆形单叶

树高
椭圆形常绿小乔木
2~6米

别名	玉山茶
分类	木犀科女贞属
分布	日本本州（关东地区以西）至冲绳
花色	白色
用途	公园树、行道树、绿篱

1	2	3	4	5	6	7	8	9	10	11	12
					花期				果实		

女　贞

结实，耐大气污染，所以常种植在公园、工厂等地作为绿化植物。整体形似日本女贞，但是该品种的叶子大一些，先端细长，尖，可从这些特征上对两者进行区分。另外，果穗大，成熟的黑果紧紧地排在一起。将果实晒干后为中药女贞子，是一味壮阳药。

叶形
卵状椭圆形单叶

树高
卵形常绿小乔木
10~15米

别名	无
分类	木犀科女贞属
分布	原产于中国
花色	白色
用途	公园树、行道树、绿篱

1	2	3	4	5	6	7	8	9	10	11	12
					花期				果实		

▲果实　椭圆形，长约1厘米。被小鸟食用后通过鸟类排泄粪便的方式播种繁殖。

▼花　圆锥花序，长5~12厘米。筒状漏斗形花，先端4裂。叶长4~8厘米。

◀叶　叶厚，革质，长6~12厘米。日晒后叶脉清晰透明可见，这也是和日本女贞区别开来的特征。

▼果实　椭圆形，长8~10毫米。成熟的果实呈紫黑色，比日本女贞结的果实要多。

槐

古时传到日本，常用作行道树和庭院树。在中国是高贵的树木，据说自古就是种植在宫廷庭院里显示大臣所坐位置的树木。因此，槐是有出人头地寓意的吉祥之树。浅黄白色的蝶形花聚集生长在小枝头上开放，花后结出如念珠般的下垂豆果。花和花蕾可药用，豆果可用作染料。

老树

▲树皮 暗灰褐色，有纵向裂纹，老树的树皮会剥落。

▲果实 豆荚下垂如念珠。

▼叶子 奇数羽状复叶，长 15~25 厘米，有 9~15 片小叶。小叶长 2.5~6 厘米。

叶形
卵形（小叶）复叶

树高
椭圆形落叶乔木
10~20 米

别名 无
分类 豆科槐（苦参）属
分布 原产于中国
花色 浅黄白色
用途 庭院树、公园树、
　　　行道树

1	2	3	4	5	6	7	8	9	10	11	12
						花期			果实		

▼花 在枝头上生长，圆锥花序，长约 30 厘米，多朵蝶形花聚集在一起犹如烟花般美丽。

观察

蝶形花，长 1~1.5 厘米。旗瓣的中央部分泛黄。

穗花牡荆

明治中期传入日本。花朵、枝叶和果实都有着独特的香气，在欧洲会将果实用作香料。掌状裂开的叶子对生，蓝紫色的小花呈穗状花序开花。长相相似的人参树，小叶的数量少，叶缘粗糙。但是该树的叶形跟五加科的高丽参相似，所以该树又叫作"西洋人参树"。

人参树

▲叶 西洋人参树的小叶有 5~7 片，叶缘平滑。

▲叶 人参树的小叶最少有 3 片。

▼幼果 球形核果，下半部分被萼筒包裹，香味迷人，可用作香料。

叶形	宽披针形（小叶）复叶
树高	株立形落叶灌木 2~3 米

别名	意大利人参树
分类	唇形（马鞭草）科牡荆属
分布	原产于欧洲南部
花色	蓝紫、白色
用途	庭院树、公园树

1	2	3	4	5	6	7	8	9	10	11	12
						花期					
							果实				

▼树姿 横向扩展的枝头上长有长 20 厘米的圆锥花序，花序直立，有芳香的花朵接连开放，花期长。

观察
花为唇形花，3裂，下唇的中央裂片稍大一些。

金丝梅

花形似梅花，雄蕊如金丝般美丽，所以得名"金丝梅"。垂下的枝头上黄色的 5 瓣花垂首绽放。5 束雄蕊并不从花朵里凸出来。目前，比较常见的园艺品种有"希德科特"，花和叶大，花量多。此外还有叶缘为白色、粉色和多彩的"三色"等。

希德科特

▲叶 长 2~4 厘米，叶缘平滑，水平排列，对生。

▲叶 希德科特的叶子并不呈水平排列，而是十字对生。

▼花 希德科特的花比金丝梅要大，直径为 5~6 厘米。开放时平整而不呈杯状。

希德科特

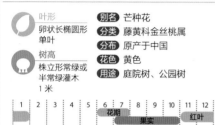

叶形
卵状长椭圆形
单叶

树高
株立形常绿或半常绿灌木
1 米

别名 芒种花
分类 藤黄科金丝桃属
分布 原产于中国
花色 黄色
用途 庭院树、公园树

1	2	3	4	5	6	7	8	9	10	11	12
					花期						
						果实					
										红叶	

▼树姿 原产于中国，在江户时代传入日本。在下垂的树枝先端开出直径为 3~4 厘米的杯形花朵。

观察
鲜艳的花瓣有 5 片，短雄蕊有约 60 枚，形成 5 束。

金丝桃

因为花朵美丽，叶子像柳叶，又名"未央柳""美容柳"，也叫"美女柳"。原产于中国，比其近亲品种金丝梅更早传入日本。自古就常被人们栽培在庭院里。细枝头上直径为4~6厘米的黄色花朵朝上绽放。开出的大花之上，还有长长伸展的许多金色雄蕊随风摇曳，十分优美华丽。

叶形 长椭圆形单叶	别名 金丝莲、美女柳
	分类 藤黄科金丝桃属
树高 株立形半常绿灌木 1米	分布 原产于中国
	花色 黄色
	用途 庭院树、公园树

1	2	3	4	5	6	7	8	9	10	11	12
					花期						
						果实					
									红叶		

◀花 枝头上的大花全开。与金丝梅不同，金丝桃花瓣着生的基部有间隙。

▼叶 细长，长4~8厘米，比金丝梅的叶子要大。先端圆，十字对生，向四方伸展。

海滨木槿

名字有生长在海滨的木槿之意。在夏天最炎热的时期，鲜黄色的花朵会接连开放。花是早上开、日落时闭合的一日花。因为生长在海岸上，所以为了耐日晒和潮湿的海风，圆叶会比较厚而有光泽，长有硬毛。在冲绳被称为"尤娜"。相似的黄槿的花朵会更大一些，花的中心部分为暗紫色。

叶形 圆形、宽卵形单叶	别名 海槿
	分类 锦葵科木槿属
树高 株立形落叶灌木 1~3米	分布 日本本州（神奈川县三浦半岛以西）至九州
	花色 黄色
	用途 庭院树、公园树、防沙林

1	2	3	4	5	6	7	8	9	10	11	12
					花期						
							果实				
									红叶		

◀叶 长4~7厘米，有灰白色的毛，特别是在叶子背面密生，看上去为白色。晚秋时期会变成红叶。

黄槿

◀花 花瓣5片，直径为5~10厘米。花的中心部分为暗红色，雌蕊从变成花筒的雄蕊先端凸出。

木芙蓉

也常被简称为芙蓉。直径达10厘米的一日
花会接连开放。花鲜艳动人，同时又带有
忧郁的气质。园艺品种重瓣花的醉芙蓉早
上开花的时候是白色的，但是在日落的时
候会泛红，像喝醉了酒一般。花枯萎了也
不会掉落，第二天仍然留在枝上。

▲叶 长和宽都为 10~20 厘米。
掌状 3~7 浅裂，互生。

▲果实 球形蒴果，
表面长毛，5 裂。

▼花 醉芙蓉为重瓣花，开花初时为白色，之后渐泛红，
日落时变成红色并枯萎。

醉芙蓉

叶形
五角状圆心形
单叶

树高
株立形落叶灌木
1~4 米

别名 芙蓉
分类 锦葵科木槿属
分布 原产于中国中部
花色 粉、白色
用途 公园树、庭院树、行道树

1	2	3	4	5	6	7	8	9	10	11	12
						花期					
									果实		

▼树姿 枝条横向扩展，上部的叶腋处长出粉色或
白色的花朵，在日本室町时代就开始栽培。

观 察
从圆柱状的雄蕊
筒中凸出的雌蕊
先端朝上弯曲。

木 槿

早上开花，日落凋谢的一日花，古诗中有"槿花一日自为荣"，比喻荣华的短暂无常，当然木槿的品种中也有开花开 2 天左右的品种。夏天耐日晒，秋天接连开花，花期长，拥有旺盛的生命力，所以在韩国又名"无穷花"，并将其作为韩国国花。一般为单瓣花，也有重瓣花品种。

▲果实 蒴果。成熟时 5 裂，露出长绵毛的种子。

▲冬芽 裸芽。呈瘤状隆起，密生有毛。

▼叶 长 4~10 厘米，互生。3 根叶脉十分醒目，叶缘粗，具锯齿。有的叶子先端 3 浅裂。

叶形
卵形至菱形状卵形单叶

树高
卵形落叶灌木
3~4 米

别名 木棉
分类 锦葵科木槿属
分布 原产于中国
花色 紫红、白、粉、复色
用途 庭院树、行道树、公园树、绿篱、盆栽

1	2	3	4	5	6	7	8	9	10	11	12
						花期			果实		
									红叶		

▼花 半重瓣花等，有许多园艺品种。小图为半重瓣花的园艺品种"光花笠"。

雌蕊

雄蕊

观 察
雄蕊多数呈筒状，长 2~3 厘米。雌蕊笔直凸出。

南京椴

在日本又叫"菩提树"，香气迷人的浅黄色花朵呈总状花序，朝下绽放。花从呈木铲状的花苞接近中间的地方垂下来。圆形的果实是制作念珠的材料。在寺院等地有种植。据说释迦牟尼就是在桑科的印度菩提树下顿悟的。虽然不是同一种树，但是该树先端尖锐，呈心形的叶子和印度菩提树很相似，据说也作为印度菩提树的代用树木。

成年树

欧洲椴　欧洲椴

▲花 舒伯特的名曲《菩提树》指的就是欧洲椴。

▲树皮 褐色，纵裂。

叶形	别名	无
三角状圆形单叶	分类	锦葵科椴树属
树高	分布	原产于中国
卵形落叶乔木	花色	浅黄色
8~10 米	用途	公园树、庭院树、行道树

1	2	3	4	5	6	7	8	9	10	11	12
					花期		果实		红叶		

▼花 长柄的先端有 10~20 朵花，垂下绽放。花瓣 5 片，直径为 1 厘米。小图为圆果。

▼叶 略厚，长 5~10 厘米，互生。先端尖锐，叶缘有锯齿，叶背密生灰白色的毛。

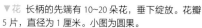

苞

观察 成熟后，在柄上长有木铲状的长苞，和种子一起随风飞散。

野梧桐

春天的新芽为鲜艳的红色，曾经和槲树一样同为制作成用来装盛食物的器皿。所以在日本又称其为"红芽槲树"。其叶子也曾在祭祀的时候用来装盛祭祀用的菜品，所以又叫"御菜叶""菜盛叶"。雌雄异株，雄花和雌花都没有花瓣，花在枝头上呈穗状花序。雄花长出许多雄蕊，雌花有3根柱头，比较明显。无论是雄花还是雌花都散发出甜甜的香味。

	叶形		别名	御菜叶、菜盛叶
	卵形、宽卵形单叶		分类	大戟科野桐属
			分布	日本本州至冲绳
	树高		花色	浅黄色（雄花）、红色（雌花）
	卵形落叶乔木 5~10米		用途	庭院树、公园树

1	2	3	4	5	6	7	8	9	10	11	12
					花期		果实		红叶		

▲新叶 红色，被毛，但是毛会逐渐消失。长7~20厘米，互生，3浅裂的情况较多。

◀雄花 聚集有许多雄蕊，呈7~20厘米长的穗状花序，在炎热的夏天盛开。

雌花

红背山麻杆

大叶形似野梧桐的叶子，春天新叶会染红。嫩叶虽然是鲜艳的红色，但是颜色会逐渐转深，最终变成普通的绿色。植物笔直朝上生长，不怎么分枝，新叶长开的同时花朵也开放。雌雄异花，雌花的3枚雌蕊先端呈红色角状，小朵的浅黄色雄花在枝条开放。

	叶形		别名	红背叶
	圆心形单叶		分类	大戟科山麻杆属
			分布	原产于中国
	树高		花色	浅黄色（雄花）、红色（雌花）
	株立形落叶乔木 1~3米		用途	庭院树、公园树

1	2	3	4	5	6	7	8	9	10	11	12
			花期		果实						红叶

▼雄花 长在二年生枝的叶腋上并开花。没有花瓣，有8枚雄蕊。

雄花

雌花

鸡冠刺桐

热带花树，强健，在日本本州关东以西的温暖地区常被人们种植在庭院里。是鹿儿岛县的县树。枝叶柄上有刺。叶子繁茂生长在枝头上，开有许多红色的花朵，自古就被称为"海红豆"。花长5厘米左右，呈蝶形，如仔细观察花开的形态，会发现较宽大的旗瓣比较夺目，在花瓣的下侧。

叶形
卵状长椭圆形
（小叶）复叶

树高
株立形落叶乔木
3~6 米

别名	海红豆
分类	豆科刺桐属
分布	原产于南美洲
花色	红色
用途	公园树、庭院树

1	2	3	4	5	6	7	8	9	10	11	12
					花期						
							果实				

◀花 开花时，像翻转后的蝶形花，旗瓣在下面。

旗瓣

▼树姿 具有南方风情的红色大花十分有魅力，在日本高约 5 米。叶子有长柄，互生。

珊瑚刺桐

为日本冲绳和鹿儿岛等地区的夏天增添色彩的刺桐属植物，是以美国刺桐为亲本，在奥地利培育出来的杂交种。因为既是刺桐属植物，又会长出鲜红色的花朵，所以得名珊瑚刺桐。叶子呈菱形，也叫作菱叶刺桐。花不会全开，而是呈筒状，这是该树的特征。植物整体较小，适合种植在庭院里或用作盆栽。

叶形
菱状宽卵形
（小叶）复叶

树高
株立形落叶乔木
2~3 米

别名	菱叶刺桐
分类	豆科刺桐属
分布	杂交种
花色	深紫红色
用途	公园树、庭院树

1	2	3	4	5	6	7	8	9	10	11	12
					花期						
							果实				

◀花 长达 20 厘米以上，呈穗状花序。1 朵花长6 厘米。旗瓣不开，呈筒状。

▼枝叶 小枝绿中带褐。长 3 片菱形小叶的叶子有长柄，互生。

樟　树

树整体带有香味，是一种典型的长寿大树。一般种植在神社、公园等地，日本各地都有巨大的樟树。与人的生活息息相关，以前人们用樟树的叶子和木材制成樟脑用以防虫。初夏时会开出不显眼的蜡制小花。叶子有光泽，春天的新芽带红色，与新叶替换的部分老叶会变成红叶掉落。

成年树

▲新叶 嫩叶带红色，逐渐变成绿色。

▲树皮 深褐色，纵裂，呈长方形纹路。

▼新叶与老叶 叶子的寿命约为 1 年。在新叶长出后，老叶会变成红色，一片片地掉落。

叶形		别名	楠树
卵形至椭圆形单叶		分类	樟科樟属
树高		分布	日本本州至九州
卵形常绿乔木 15~30 米		花色	黄绿色
		用途	公园树、行道树

1	2	3	4	5	6	7	8	9	10	11	12
				花期					果实		

▼花 在春天结束后的梅雨时期，长出许多直径约为 5 毫米的小花。小图为果实。

观　察

直径约为 8 毫米的球形浆果。有光泽，成熟时为紫黑色，多数呈垂吊状。

荷花玉兰

因为花和叶大，树木整体给人一种沉稳、泰然的感觉，所以在日本又叫"泰山树"。是在明治初期传入日本的，刚开始时被种植在东京新宿御苑里，之后普及到日本全国。枝头上有 1 朵直径约为 20 厘米、带花香并朝上开放的花朵。花开的样子就像大酒杯一般，白色的花朵有光泽，与深绿色的叶子形成对比，十分美丽。

▲ 叶 长 10~25 厘米。正面有光泽，背面密生有褐色的毛。

▲ 树皮 深褐色，圆形的皮孔十分醒目。

【成年树】

▼花 直径为 15~25 厘米的大花，在枝头上一朵接一朵地长。有 9 片花被片，均呈花瓣状。

叶形
长椭圆形单叶

树高
卵形常绿乔木
10~20 米

别名 洋玉兰
分类 木兰科木兰属
分布 原产于北美洲
花色 白色
用途 公园树、庭院树、行道树

1	2	3	4	5	6	7	8	9	10	11	12
					花期				果实		

▼树姿 树高，生长在高处的花朵朝上开放，所以不往上看是比较难注意到开花的。

观察

大花芽长在粗柄的先端，芽鳞被短毛。

加那利海枣

大型棕榈树，又以"Phoenix（凤凰）"之名而为人们所熟知。树干沉稳粗壮，高度甚至达 15 米以上。雌雄异株，长长的羽状叶间长出长达 2 米的大花穗并垂下来，其上开有许多浅黄色的小花。耐寒，种植在日本关东以西的街道、公园等地。在宫崎县大淀川河畔、日南海岸等地，加那利海枣成排排列在路上，是当地有名的景观。

叶形	披针形（小叶）复叶
树高	椭圆形常绿小乔木、乔木 10~20 米

别名	凤凰树
分类	棕榈科刺葵属
分布	原产自加那利群岛
花色	浅黄色
用途	公园树、庭院树 行道树

1	2	3	4	5	6	7	8	9	10	11	12
			花期				果实				

◀雄花 雌雄异株。叶间长出大花穗，上有许多小花。雄花、雌花都呈扫帚状。

▼叶 长 4~6 米的羽状复叶，在直立的粗树干的顶部集结伸长，呈拱状向四方扩展。

槟 榔

自生于温暖的海岸，现多有人工栽培。在冲绳称其为"硬叶"，自古人们将槟榔叶子漂白后编织成斗笠或团扇，帽子等。直立的圆柱状粗干顶部，大叶子聚集繁茂生长。叶子成掌状裂开，先端长长垂下，是槟榔树的特征。从叶间长出大的圆锥花穗，上有许多小花。

叶形	圆形单叶
树高	卵形常绿乔木 10~15 米

别名	宾门、硬叶
分类	棕榈科槟榔属
分布	日本四国（南部）至冲绳
花色	黄白色
用途	公园树、行道树

1	2	3	4	5	6	7	8	9	10	11	12
				花期					果实		

◀叶 几乎为圆形，直径为 1 米。细细分裂的叶子先端经日晒后分裂成两半垂下。

▼树姿 日本四国、九州的槟榔树较矮，高 3~5 米。树干上有呈环状的落叶痕迹。

梓 树

果实跟做红豆饭时用到的豇豆相像，并在高高的枝条上成束地垂下来，所以又名"木豇豆"。种植在庭院里能避雷，所以有雷电树、雷电梓树等叫法。花瓣先端 5 裂，成漏斗形的花朵呈圆锥花序，开出许多花来。果实有利尿的功效，木材可做木屐等。比较相像的美国梓树会开出许多白花。

▲树皮 灰褐色，纵向浅裂。

▼花 美国梓树是原产于北美洲的树木，常用作行道树。漏斗形的花朵长 3 厘米，呈大的圆锥花序，开出许多花。

叶形	宽卵形单叶
树高	卵形落叶乔木 5~15 米

别名	梓
分类	紫葳科梓属
分布	原产于中国
花色	黄白色
用途	庭院树、行道树、公园树

1	2	3	4	5	6	7	8	9	10	11	12
					花期						
						果实					

成年树

美国梓树

▼叶与花 几乎横向伸展的枝条上长有叶子，先端 3 浅裂，对生。花朵朝上，聚集生长在花柄上。

▼果实 线形，长 30~40 厘米。成熟时为褐色，纵裂。

观察
花的内侧有暗紫色的斑点。

粗糠树

除了自生在温暖地区海岸附近的山地林边外，因为该树的花和果实美丽也常用作庭院树。跟厚壳树相似，且叶子因比厚壳树更圆更大而得名。厚壳树的嫩叶和莴苣的味道很像，所以在日语中叫作"莴苣树"。而粗糠树在日语中叫作"圆叶莴苣树"就是综合上述原因而得名的。粗糠树的枝头有芳香的小白花聚集在上开花。秋天成熟的黄色果实可以生吃。

叶形
宽椭圆形单叶

树高
卵形落叶小乔木
7~9 米

别名 无
分类 紫草科厚壳属
分布 日本本州（千叶县南部以西）至冲绳
花色 白色
用途 庭院树、公园树

1	2	3	4	5	6	7	8	9	10	11	12
			花期								
						果实					

▲叶 长 6~17 厘米，互生。叶厚，长硬毛，叶缘有锯齿，触感粗糙。

▼果实 直径为 1~1.5 厘米，球形，在枝头上成串生长，结果多。成熟的果肉有香蕉般的香味。

单叶蔓荆

在除了日本北海道之外的其他海岸沙地上生长。与北边的滨梨相对，为南边的海岸增添了色彩。枝条在沙上匍匐生长，因此又叫"滨蔓"，将叶子磨成粉可制作线香，所以又有"滨香"之名。枝头上有许多紫蓝色的唇形小花，圆锥花序。整体有像按树叶的香味，果实作为中药有壮阳、散热的功效。

叶形
宽卵形、椭圆形单叶

树高
匍匐形落叶小灌木
0.3~0.7 米

别名 滨朴、滨栲
分类 马鞭草科牡荆属
分布 日本本州至冲绳
花色 浅紫蓝色
用途 公园树

1	2	3	4	5	6	7	8	9	10	11	12
						花期				果实	
									红叶		

▲幼果 直径为 6~7 毫米，球形，下半部分被萼包围。有清爽的芳香味。

▼树姿 攀爬在海岸沙地上的枝条上长有密生有毛的叶子，对生。花先端 5 裂。

海州常山

因枝叶受伤则会发出恶臭而闻名的树，所以又叫作"臭梧桐"。嫩叶可做野菜，果实可做植物染料。白花和红萼的反差让花朵变得十分美丽，散发出甜香味会引来蝴蝶聚集。呈星形开放的花萼在果实成熟的时候变得更红，十分夺目。小花呈半球状开放的臭牡丹常作为庭院树种植。

▲叶 三角状心形，长8~15厘米。有长叶柄，对生。

▼花 浅紫红色的花瓣呈细筒形，先端5裂，4枚雄蕊凸出花外。有花香。

▲果实 球形，成熟有光泽，会变成蓝色。

臭牡丹

叶形 三角状心形至宽卵形单叶	别名 臭梧桐
	分类 唇形（马鞭草）科大青属
树高 圆盖形落叶小乔木 4~8米	分布 日本北海道至冲绳
	花色 白色
	用途 庭院树、公园树

1	2	3	4	5	6	7	8	9	10	11	12
							花期		果实		

▼树姿 枝条横向扩展，枝头长满了花，所以树木整体就像是被花覆盖了一般，具有很高的观赏价值。

观察

长2~2.5厘米。花筒先端5裂开放，长长的4枚雄蕊凸出。

日本醉鱼草

日本的固有品种，种植在庭院里的醉鱼草属植物，整体含有皂苷成分，是有毒的植物。从枝头垂下的长长穗状花序如藤蔓般，因而在日本叫作"藤空木"。浅紫色的小花在方形的枝条一侧成排生长，从基部顺次开花。花朵呈长筒形，略微呈弓状弯曲，先端4裂。

	叶形		别名	无
	卵状长椭圆形单叶		分类	玄参（醉鱼草）科醉鱼草属
			分布	日本本州（东北地方至兵库县）、四国
	树高		花色	浅紫色
	株立形落叶灌木 1~2米		用途	庭院树、公园树

1	2	3	4	5	6	7	8	9	10	11	12
						花期		果实			

◀枝叶 树枝是方形的，角上有小鳍，长10~20厘米的长叶对生。

▼花 花朵呈圆柱形，长1.5~1.8厘米。先端4裂，花的内侧为紫色。

海滨杜香

日本名为"海滨杜鹃"，但却不见于海岸。据说可能是由虾夷杜鹃的日语谐音误传成海滨杜鹃。所以该树又叫"虾夷矾杜鹃"。整体带有芳香，据说阿伊努族人常用它的叶子来泡水饮用。从植株基部开始分枝繁多，枝头聚集有白色的小花，呈圆形开放。花冠5深裂，长长的10枚雄蕊凸出。

	叶形		别名	虾夷矾杜鹃
	单叶披针形		分类	杜鹃花科杜香属
			分布	日本北海道、本州（东北地区）
	树高		花色	白色
	株立形常绿灌木 0.3~0.7米		用途	公园树

1	2	3	4	5	6	7	8	9	10	11	12
						花期		果实			

▼树姿 地下茎伸展并群生，分枝繁多，革质的叶子在枝头上集聚生长，花朵聚集在一起，呈直径为5厘米的球状花团。

小果珍珠花

因树干扭曲，故又叫"捩木"；因为青年树枝是红色的，所以又被称为"涂箸"；因为花的形状像饭粒，所以也被称为"饭粒树"。前一年生长的枝条上，白色壶形的花整齐地排成一列，向下绽放。木材细密带红褐色，可做日本长野县木曾郡的特产阿六梳、陀螺、印章、伞柄等。叶子和花有毒。

叶形
宽卵形、卵状椭圆形单叶

树高
卵形落叶小乔木
3~7 米

别名	白心木
分类	杜鹃花科珍珠花属
分布	日本本州（东北地区南部以南）至九州
花色	白
用途	庭院树、公园树

1	2	3	4	5	6	7	8	9	10	11	12
				花期			果实		红叶		

◀树皮 灰褐色或褐色，纵向长裂，随着生长，树干会扭曲，是该树的特征。

▼花 壶形，长 8~10 毫米，先端 5 浅裂。开花的时候整条树枝垂下来，看起来近乎白色。

成年树

南　烛

会结出许多圆而小的果实，像小和尚头的样子，所以在日本又叫"小小和尚"。秋天，果实从蔚蓝色转变成成熟的黑色，含有花青素，可生吃，酸酸甜甜，十分可口。花朵细长呈壶形，在有光泽、肉厚的叶腋处生长，穗状花序，花量大，开花繁茂。花上长有柔毛，先端微开。

叶形
卵状椭圆形、椭圆形单叶

树高
株立形常绿灌木
1~5 米

别名	染菽、乌饭树
分类	杜鹃花科越橘属
分布	日本本州（关东地区南部以西）至冲绳
花色	白色
用途	庭院树、公园树、绿篱

1	2	3	4	5	6	7	8	9	10	11	12
				花期				果实			

▲花 花朵长 5~7 毫米。头朝下，花量大，形成长 3~8 厘米的花穗。

▼果实 直径约为 5 毫米的球形浆果，表面有白粉，在顶部有萼片残留的痕迹。

里白璎珞

生长在山地，但因为花朵美丽，也被种植在庭院里。名字中的璎珞是因为该植物的花形就像寺院的屋檐上挂着的吊坠装饰，如璎珞般，叶子的背面又是白色的，所以得此名。枝头上轮生的叶子下面有 3~10 朵花成束垂下，朝下绽放。变种的额里白璎珞，长萼片呈线形。

叶形	别名	无	
倒卵状椭圆形单叶	分类	杜鹃花科杜鹃花属	
	分布	日本本州（中部地区以北）	
树高			
株立形落叶灌木 0.5~2 米	花色	浅红色	
	用途	庭院树、公园树	

1	2	3	4	5	6	7	8	9	10	11	12
				花期		果实					
							红叶				

▲叶 先端短而尖，长 2~6 厘米，背面粉白，主脉粗而长，有少量毛。

▼花 筒形，长 1~1.5 厘米，先端 5 浅裂，裂片反卷。小图为额里白璎珞。

岩南天

生长在山地潮湿的悬崖上，树枝从岩壁上垂下，呈之字形弯曲是其特征。因为连排生长的叶子如南天竹，又生长在岩石上，所以得名"岩南天"。夏天从叶腋处长出白色的筒状花朵，数朵朝下开花。花长 1.5~2 厘米，先端 5 浅裂，反卷。朝上结果。红叶也很美。

叶形	别名	岩山茶	
狭卵形至宽披针形单叶	分类	杜鹃花科木藜芦属	
	分布	日本本州（秩父山地至纪伊半岛的太平洋一侧）	
树高			
株立形落叶灌木 0.3~1.2 米	花色	白色	
	用途	庭院树、公园树、绿篱	

1	2	3	4	5	6	7	8	9	10	11	12
					花期			红叶			
						果实					

▼树姿 有光泽、革质，互生的叶子从枝条上垂下。花朵为细筒形，长 1.5~2 厘米。

鼻嚏树

名字中的"鼻嚏"就是指打喷嚏。叶子有毒，以前，人们将叶子磨成粉做杀虫剂，而这种粉要是进入人的鼻子，会让人不断打喷嚏，因而得此名。在当年新长出来的枝头上，小的壶形的花呈穗状花序，从基部开始依次开放。花向下开，果实向上成熟。

叶形
椭圆形、卵状
长椭圆形单叶

树高
株立形落叶灌木
0.5~1.5 米

别名	喷嚏树、啊啾树
分类	杜鹃花科木藜芦属
分布	日本北海道、本州
	（近畿地区以北）
花色	浅绿色
用途	庭院树、公园树

1	2	3	4	5	6	7	8	9	10	11	12
					花期		果实				
								红叶			

▲花与果实 在长 5~15 厘米的穗上，长约 4 毫米的小花一朵接一朵地开，花后结出直径为 4~5 毫米的果实。

▼树姿 从植株基部开始分枝茂密。叶子粗糙，有硬毛，互生，长3~10厘米。

刺楸

名字的意思是有刺、像桐的树。嫩枝条上有直的、锋利的刺，但当它变老时，刺会掉落，留下一个疣状的痕迹。叶子聚集在枝头，裂开成掌状，看起来像槭树的树叶，秋天变成黄色。枝头上长出大花序，在各自的花柄先端，小花呈球状聚集开花。

叶形
圆形单叶

树高
卵形落叶乔木
10~20 米

别名	钉木树
分类	五加科刺楸属
分布	日本北海道至九州
花色	黄绿色
用途	庭院树、公园树

1	2	3	4	5	6	7	8	9	10	11	12
						花期		果实			
									红叶		

◀树皮 青年树干上有很多刺，成为老树后形成深裂纹。

▼叶 厚而有光泽，5~9裂，直径为10~30厘米。有长柄，互生。嫩叶可以食用。

楤 木

其嫩芽是被称为楤芽的名野菜，可做成天妇罗和凉拌菜等食用。树干笔直，上有利刺，几乎没有分枝。长达1米的大型羽状复叶聚集在枝头，向四面八方展开。夏末长出大花穗，呈圆锥花序，多数的小花像撑开的阳伞一样开着。

顶芽
侧芽
干

▲冬芽 圆锥形。有刺的树干上长有大顶芽和小侧芽。

▲嫩芽 食用的时候叫楤芽。

 叶形
卵形至椭圆形（小叶）复叶

树高
椭圆形落叶灌木、小乔木
2~6米

别名	通刺
分类	五加科楤木属
分布	日本北海道至九州
花色	浅绿白色
用途	庭院树、公园树

1	2	3	4	5	6	7	8	9	10	11	12
							花期				
								果实			

◀叶 长 50~100 厘米的奇数二回羽状复叶。小叶长 5~10 厘米。叶轴、叶子整体都带有利刺。

▼花 枝头上长出大的圆锥花序，长 30~50 厘米。花朵有 5 片花瓣，很小。

果实

观察
直径约为 3 厘米的球形浆果，成熟时为黑色。呈圆形，聚集并一起垂坠下来。

漉油

嫩叶有香味，做成天妇罗非常美味，是珍贵的山野菜。因为可过滤从树脂中提取的油作为涂料使用，所以有这个名字。叶子为5片小叶组成的掌状复叶，有长柄是该植物的特征，秋天叶子会变黄。小花呈球状簇拥开放，但因为一般在高高的枝头上开花，所以并不显眼。

叶形
倒卵状长椭圆形（小叶）复叶

树高
卵形落叶乔木
5~20米

别名 金漆树、金漆
分类 五加科五加属
分布 日本北海道至九州
花色 黄绿色
用途 公园树

1	2	3	4	5	6	7	8	9	10	11	12
							花期		果实 红叶		

◀树皮 灰白色。树皮光滑，椭圆形的皮孔零散分布。

▼叶 5片小叶为1组，正中间的小叶最大，长10~20厘米。叶柄长8~30厘米。

华东椴

日语叫"科木"，名字中的"科"在阿伊努语中有捆绑的意思。树皮纤维结实、防水，以前是用来制绳或织布的材料。花聚集在长柄的顶端，散发着甜美的香味，吸引蜜蜂，被认为是优质的蜜源。其特征是花柄上有铲形的苞片，而该树的花柄中间有苞片，所以看起来像是苞片上有长柄。

叶形
心圆形单叶

树高
卵形落叶乔木
8~10米

别名 火绳树
分类 锦葵科椴树属
分布 日本北海道至九州
花色 浅黄色
用途 庭院树、公园树

1	2	3	4	5	6	7	8	9	10	11	12
					花期			果实 红叶			

苞片

苞片

▲花 10多朵直径约为1厘米的花吊挂着开放。花柄上有铲状的苞片。

▼叶 长4~10厘米的心形叶子，叶缘有锐锯齿。长出嫩叶的时候，夺目的红色托叶会立刻掉落。

托叶

髭脉桤叶树

从日本奈良到平安这一律令制时代，为了防备饥荒，日本政府发布官令要求储藏该树的嫩叶，因此，在日本又名"令法"。据说其古名为"田守"，因为古时日本会根据田地的面积种植该树来划分。白色的5瓣小花呈穗状花序聚集开花。小型的美国髭脉桤叶树会开出有芳香的花朵，也有粉花品种。

（成年树）

▲嫩叶 以聚集在枝头的嫩叶为食的"令法饭"十分有名。

▲树皮 褐色。成长之后会有薄片剥落。

▼花 原产于北美洲的小型树上长有许多花。图为园艺品种"粉花斯派尔"，花蕾为深粉色。

叶形 倒卵状长椭圆形单叶	别名 田守
	分类 桤叶树科桤叶树属
树高 卵形落叶小乔木 8~10米	分布 日本北海道至九州
	花色 白色
	用途 庭院树、公园树

1	2	3	4	5	6	7	8	9	10	11	12
					花期				果实 红叶		

▼花 在花少的盛夏，呈圆锥花序的多朵花开放，是庭院里十分有人气的一种植物。花穗长10~20厘米。

美国髭脉桤叶树

观 察
有的花穗会垂下。花的直径约为7毫米，有10枚雄蕊从中凸出。

泡花树

因燃烧枝条时切口处会起许多泡而得名。枝头有小花，呈穗状花序，簇拥开放。远远看去就像是吹出了白色的泡泡。叶薄而大，长20厘米以上。平行长出20~27对侧脉是该树的特征，秋天叶子变黄。

叶形	长椭圆形、倒卵状长椭圆形单叶
别名	无
分类	清风藤科泡花树属
分布	日本本州至九州
花色	浅黄白色
树高	卵形落叶乔木 8~10米
用途	公园树

1	2	3	4	5	6	7	8	9	10	11	12
					花期			果实			
									红叶		

◄树皮 灰黑色。小椭圆形的皮孔呈点状分布，比较显眼。

▼树姿 细嫩的树枝横向伸展，枝头上聚集生长有叶子。叶子的侧脉长达叶缘处。花呈圆锥花序。

成年树

白木乌桕

树皮为白色，木材也是白色的，所以得此名。枝叶受伤后会流出白色的乳液。枝头长有黄色的小花，呈穗状花序。花序的上部有许多雄花开出，下面开出数朵比雄花还要大的雌花。雌、雄花均无花瓣。先端尖的卵形叶子在秋天会变为红色或黄色，能观赏到美丽的红叶。

叶形	卵状椭圆形单叶
别名	无
分类	大戟科乌桕属
分布	日本本州至冲绳
花色	黄色
树高	卵形落叶小乔木 4~6米
用途	庭院树、公园树

1	2	3	4	5	6	7	8	9	10	11	12
					花期				果实		
									红叶		

◄树皮 灰褐色或灰白色，树皮光滑，有纵向浅裂纹。

▼花 花穗长3~8厘米，无花瓣，所以可以看到花蕾。叶无毛，长7~17厘米。

成年树

合欢

在夜里叶子会闭合垂下，处于休眠状态，因而得此名。《万叶集》中就有以合欢为名的诗歌。梅雨中期过后，小枝头会长出柔软的花朵。10~20朵小花聚集在一块，看起来就像是1朵花。日落的时候会一齐开放，第二天凋谢。

夏日巧克力

▲叶 园艺品种，长铜色的叶子。

▲果实 长10~15厘米的豆果，成熟的时候为褐色。

▼闭合的叶子 日落后叶子会缓缓闭合，约1小时后会完全闭合。花会在叶子闭合的时候开放。

叶形	别名	合昏、夜合
狭卵状椭圆形（小叶）复叶	分类	含羞草（豆）科合欢属
	分布	日本本州至冲绳
树高	花色	浅红色
不规则形落叶乔木6~10米	用途	庭院树、公园树、行道树

1	2	3	4	5	6	7	8	9	10	11	12
					花期				果实		

▼叶与花 叶子为二回偶数羽状复叶，长20~30厘米。花聚集在枝头开放，会有淡淡的花香。

观 察
带粉色的细丝状的部分为雄蕊，长长的凸出。

197

朝鲜槐

在日本又叫"犬槐"，因为长相似槐树，但是据说因没有气势，所以冠以"犬"字，但是木形美，被人们用作床柱。盛夏时期，枝头上有数条花穗立起，小朵的蝶形花排得很紧，十分夺目。叶子为7~11片小叶的奇数羽状复叶，小叶的背面密生柔毛，正面几乎无毛。

	叶形 卵形（小叶）复叶	别名	大槐树
		分类	豆科马鞍树属
		分布	日本北海道、本州（关东、中部地区以北）
	树高 不规则形落叶乔木 2~10米	花色	浅黄白色
		用途	庭院树、公园树、行道树

1	2	3	4	5	6	7	8	9	10	11	12
						花期			果实		

▲叶 长20~30厘米的羽状复叶。小叶长4~7厘米，3~6对，几乎对生。　▲树皮 灰白色，纵裂。

▼花 小花长约1厘米，长有许多长约10厘米的花穗，从基部顺次开花。

苦　楝

常用作庭院树、行道树。日本谚语"栴檀香赛二叶"（类似中国的英雄出少年）中的栴檀虽然和苦楝的日语名同名，但是谚语中的"栴檀"指的是檀香树，并不是苦楝。古时的苦楝叫"樗"，在《万叶集》《枕草子》中都有记载。当年新长出的枝头上会有许多浅紫色的5瓣花开出，远远看去十分夺目。秋天成熟的黄色果实在叶子落下来后仍残留在枝条上，小鸟喜食。

	叶形 卵状椭圆形（小叶）复叶	别名	楝树
		分类	楝科楝属
		分布	日本本州（关东地区以西）至冲绳
	树高 卵形落叶乔木 5~10米	花色	浅紫色
		用途	庭院树、公园树、行道树

1	2	3	4	5	6	7	8	9	10	11	12
						花期				果实	

▲果实 长1.5~2厘米的椭圆形果，从绿色转熟呈黄色，落叶之后仍留在枝条上，十分夺目。

▼树姿 粗枝向四方伸展，大型的羽状复叶，叶子宽大，长满花朵，所以整棵树看起来是浅紫色的。

滨梨

形成群落，为北方夏天的海边增添一抹粉红。秋天成熟的红色果实吃起来像梨，又因为生长在海边，因此被命名为滨梨。密生有短而锐利的刺的枝头上，开有芳香的大花，可做香料，果实中富含维生素C，多用于制作果酱和药酒，根则用作染料。

▲果实 直径为 2~3 厘米的扁球形，先端留有长萼片。

▲枝 密生有粗刺和针状的细刺。

▼叶 7~9 片小叶组成的奇数羽状复叶，皱纹明显。小叶长 2~3 厘米，背面密生有毛。

叶形	椭圆形、卵状椭圆形（小叶）复叶
树高	株立形落叶灌木 1~1.5 米

别名	滨茄子、玫瑰
分类	蔷薇科蔷薇属
分布	日本北海道至本州（太平洋一侧至茨城县、日本海一侧至岛根县）
花色	红色
用途	庭院树、公园树

1	2	3	4	5	6	7	8	9	10	11	12
					花期						
							果实				

▼花 直径为 5~8 厘米，大，有 5 片柔软的花瓣。香味浓，是制作香水的原料。小图为白花滨梨。

小绣球

在光线好的森林等地常见到该植物。花序和叶子都比较小，姿态温柔，所以被称为"小绣球"。在略带紫色的细枝尖端，小花呈半球状聚集而开。不像其他绣球花那样开出大而醒目的装饰花是其特征，也是与其他绣球花区别的重点。5片花瓣平开，有10枚雄蕊凸出。

叶形
卵形至椭圆形单叶

树高
株立形落叶灌木
1~2米

别名	柴绣球
分类	绣球（虎耳草）科绣球属
分布	日本本州（关东地区以西）至九州
花色	白至浅蓝色
用途	庭院树、公园树

1	2	3	4	5	6	7	8	9	10	11	12
					花期			果实			

◀ 叶 长5~8厘米，对生，先端尖，叶薄。叶缘有大锯齿，纹路规则。

▼ 花 枝头上有花，直径约为5厘米，均为两性花。花瓣有5片，卷翘。

长叶紫绣球

生长在沼泽边或湿地，浅紫色清爽的花朵会在盛夏时期接连开放。还在花蕾的时期，苞叶包裹着花朵，形如美玉，因而又名"玉绣球"。圆形的花蕾开花后苞叶脱落，白色的装饰花及聚集在中心位置的浅紫色两性花开放。叶的两面密生有硬毛，触感粗糙。

叶形
长椭圆形至倒卵形单叶

树高
株立形落叶灌木
1~2米

别名	无
分类	绣球（虎耳草）科绣球树
分布	日本本州（宫城县南部至中部地区、伊豆诸岛）
花色	白色（装饰花）、浅紫色（两性花）
用途	庭院树、公园树

1	2	3	4	5	6	7	8	9	10	11	12
					花期			果实			

▲花蕾 花蕾呈球形。浅绿色的苞叶剥落后花朵显露出来并开花。

▼花 花团平整，呈半球形，直径为10~15厘米。装饰花的花瓣状萼片有3~5片。

圆锥绣球

在集聚多数小朵的两性花中，长有少许装饰花。装饰花上看起来像是花瓣的部分为4片萼片。花刚开的时候为白色，之后变成浅红色和浅绿色。树皮可以制得抄和纸时用的糊，所以在日本叫作"糊空木"。也叫"糊八仙花"。材质硬，可制成伞柄或拐杖，根部材质适合做管子。

叶形
椭圆形至卵状椭圆形单叶

树高
株立形落叶灌木
2~5米

别名	糊八仙花、玉粉团
分类	绣球（虎耳草）科绣球属
分布	日本北海道至九州
花色	白至浅红色、浅绿色
用途	庭院树、公园树

1	2	3	4	5	6	7	8	9	10	11	12
						花期					
							果实				

▲叶 先端细尖，叶缘有细锯齿，长3~4厘米。有长柄，对生或3轮生。

▼树姿 大型的绣球属植物，花呈圆锥花序是该植物的特征。圆锥花序大，长8~30厘米。

天竺桂

生长在温暖的、靠近海岸的地方。因为像是生长在灌木丛的天竺葵，所以得此名。有着肉桂特有的香味，从根部取出肉桂，曾经被制成桂皮在零食店售卖。撕碎该品种的叶子会有清爽的香气，但是和肉桂的香气是不一样的。初夏，黄绿色的小花零散开放。

叶形
长椭圆形单叶

树高
卵形常绿乔木
10~20米

别名	普陀樟、竺香、山肉桂
分类	樟科樟属
分布	日本本州（福岛县以南）至冲绳
花色	黄绿色
用途	庭院树、公园树

1	2	3	4	5	6	7	8	9	10	11	12
					花期						
										果实	

▲叶 天竺桂的叶子有光泽，呈深绿色。先端短而尖，长7~10厘米，3条叶脉清晰。

肉桂

◄叶 长10~15厘米。先端长而尖，3条叶脉凹陷，清晰明显。

201

柊 树

在秋天接近尾声的时候，枝头的叶子间聚集着香气浓郁的白色小花。长出边缘像刺一样尖锐的叶子，一碰就会有刺痛感，感觉疼，所以又叫"疼木"。传说日本人会用叶上的刺驱鬼，所以有在立春前一天将沙丁鱼的头扎在树枝上辟邪的风俗。与其长得很像的齿叶木犀就常用作绿篱。

老树的叶子　青年树的叶子

▲叶 青年树的树叶的叶缘有刺，但老树的叶子变得平滑。　▲斑叶 有叶子带斑纹的品种。

▼叶 柊树和银桂的杂交种。比柊树的叶子要大，刺状的叶缘锯齿数多。

齿叶木犀

| 叶形 | 椭圆形单叶 |
| 树高 | 卵形常绿小乔木 4~8 米 |

别名 刺桂
分类 木犀科木犀属
分布 日本本州（关东地区以西）至冲绳
花色 白色
用途 庭院树、公园树、绿篱

| 1 | 2 | 3 | 4 | 5 | 6 | 7 | 8 | 9 | 10 | 11 | 12 |

果实　花期

▼树姿 分枝繁多，长 3~7 厘米，叶厚，对生，叶腋处开出带花香的花。

花

观察
花的直径约为 5 毫米，4 片深裂的裂片翘起，有 2 枚雄蕊。

丹 桂

不知从何处飘来的花香，告诉人们深秋的到来。该类植物总称为木犀类，因为开出鲜艳的橙色花，所以叫作"金桂"。白花散落生长开放的银桂是金桂的变种，雌雄异株，种植于日本的金桂只有花量大的雄株，所以在日本看不到金桂的果实。

▲叶 细长，长6~12厘米，叶缘有波纹，对生。

成年树

▲树皮 因为与犀牛皮相似而得名。

叶形 宽披针形、长椭圆形单叶	别名 无
	分类 木犀科木犀属
树高 圆盖形常绿小乔木 4~6米	分布 原产于中国
	花色 橙黄色
	用途 庭院树、公园树、 　　　行道树、绿篱

1	2	3	4	5	6	7	8	9	10	11	12
									花期		

▼新芽 4~5月上旬，带红色的新芽长出，老叶少许飘落。花在长出新芽的枝条上生长。

▼花 银桂比金桂的花要更散乱生长，香气更淡一些。

银桂

观察
花的直径为4~5毫米，4深裂，叶腋处长满花朵。

▲树姿 分枝繁多，宽卵形的树形，但在许多庭院里会被修剪成圆形。

203

八角金盘

在日本也叫"羽团扇",即日本传说中的天狗手持的扇子。末端宽,呈手掌状的大叶子7或9裂,据说是因为8是吉祥的数字,所以又名"八手"。其实叶子无8裂,而是呈7、9、11等奇数分裂。在寒风开始吹起的季节,乳白色的5瓣小花呈球状聚集而开,果实在第二年的晚春成熟,为黑色。

▲新叶 被褐色绵毛,春天集聚生长在树干的先端。

▲幼果 浆果直径为7~12毫米,从绿色转为成熟后的黑色。

▼叶 大、厚,有光泽,直径为20~40厘米,掌状7或9深裂,有刻痕。

叶形 圆形单叶	

树高 株立形常绿灌木 1~3米	

别名	八金盘
分类	五加科八角金盘属
分布	日本本州(茨城县以南的太平洋一侧)至冲绳
花色	乳白色
用途	庭院树、公园树

1	2	3	4	5	6	7	8	9	10	11	12
			果实							花期	

▼树姿 树干不怎么分枝,枝头有长柄,上有大叶向四方展开,长有圆锥花序。

雄蕊

雌蕊

花瓣

观 察

5片花瓣,长长的雄蕊凸出。花瓣和雄蕊掉落后雌蕊伸展。

圣诞欧石楠

欧石楠也以英文名"heath（荒地）"而闻名，在日本大正年间引进的圣诞欧石楠是最古老的，因其具有耐寒性，所以在日本关东中部以西也被作为庭院树木使用。纤细的枝条上密密麻麻地开着粉红色的小花，热闹非凡。斜向下开花，黑色雄蕊的花药从花中飞出，花纹看上去像蛇眼，所以又叫蛇眼欧石楠。

叶形
线形单叶

树高
株立形常绿灌木
1~3 米

别名 黑蕊欧石楠
分类 杜鹃花科欧石楠属单叶
分布 原产于南非
花色 浅红、紫红色
用途 庭院树、公园树

1	2	3	4	5	6	7	8	9	10	11	12
	花期										

◀花 钟形，长4毫米，每个小枝头上长有3朵。雌蕊长而凸出，黑色的花药十分夺目。

▼树姿 欧石楠中较为大型的树种，从地际开始分枝，如针般的细叶轮生。

双花木

日本的固有品种，长柄先端的叶子为圆形，所以又称为"圆叶树"。红叶开始散落的时候，叶腋处长出暗红色的花，2朵背靠背生长。横向开花。呈星形开放的5片细长的花瓣皱缩。花形似日本金缕梅，所以又叫"红满作"（金缕梅在日本叫"满作"）。果实在第二年开花的时候成熟。

叶形
卵圆形至心形单叶

树高
卵形落叶灌木
2~4 米

别名 红满作
分类 金缕梅科双花木属
分布 日本本州（中部地区、近畿地区、广岛县）、四国（高知县）
花色 暗红色
用途 庭院树、公园树

1	2	3	4	5	6	7	8	9	10	11	12
									花期		
									果实		
									红叶		

▶叶 长5~11厘米，基部呈心形，互生。叶柄长4~7厘米。秋天可观赏红叶。

▼花 长7~8毫米，先端尖，花瓣有5片，形如海星，每2朵花背靠背开放。

茶梅

日本特产的花树，在让人预感到冬天要到来的时候，开始稀稀落落地绽放花朵。虽然和山茶相似，但是比山茶的耐寒性要差一些，嫩枝上有叶柄，花瓣一片片地散落等，这些都是和山茶不一样的地方。根据开花期不同，可分为茶梅群、春茶梅群、寒山茶群。果实在第二年成熟。

◀果实 直径为1.5~2厘米的球形果，第二年秋天成熟，3裂。

观 察

与山茶的果实不同，茶梅的表面有细毛。

▼花 寒山茶群是在12月~第二年3月开花的群系。

	叶形		
	长椭圆形至卵状长椭圆形单叶	**别名**	冲绳茶梅
		分类	山茶科山茶属
	树高	**分布**	日本本州（山口县）至冲绳
	卵形常绿乔木2~6米	**花色**	白、桃、红、褐色
		用途	庭院树、公园树、行道树、绿篱

1	2	3	4	5	6	7	8	9	10	11	12
									花期		
						果实					

▲花 野生种为单瓣的白花，直径为5~8厘米。花瓣一般为5片，先端有些许凹陷。

丁字车

▲叶 革质，长3~7厘米。叶缘有锯齿，主脉清晰。

◀花 茶梅群为10~12月开花的群系。

▼花 春茶梅群是在12月~第二年4月开花的群系。

复色笑颜

▲树姿 以白色单瓣的野生种为基础培育出许多园艺品种，散发出的甜蜜香气为寒冬增添了色彩。

与山茶不同，基部只会稍微合起，所以花朵平开。雄蕊的基部也不呈筒状。

▼落花 如山茶花般会整朵凋落，花瓣零散开来。

茶 树

从5世纪开始中国就有用该树的叶子泡茶喝的习惯,到9世纪的时候才传到日本,之后在日本也诞生出特有的茶文化。茶树和山茶、茶梅都是山茶属植物。白色的5瓣花包裹着许多雄蕊,花头朝下,柔软展开。有长出观赏用的浅红色花品种为"红花茶树"。

叶形
椭圆形单叶

树高
株立形常绿灌木
1~2米

别名 茶
分类 山茶科山茶属
分布 原产于中国西南部、越南、印度
花色 白色
用途 庭院树、公园树、绿篱

1	2	3	4	5	6	7	8	9	10	11	12
									花期		
									果实		

◀叶 叶薄,革质,有光泽,长5~9厘米。叶缘有锯齿,互生。采摘新叶可做茶叶。

▼花 直径为2~3厘米,新枝的叶腋处长1~3朵花,朝下开花。带花柄,花瓣先端凹陷。小图为红花茶树。

枫 香

在江户时代传入日本,带长叶柄,叶子呈掌状3裂。相似的树种有原产于北美洲的北美枫香树,叶5裂。无论是哪个树种都和槭树相像,但是相对于槭树叶子对生的特性,枫香树的叶子互生,可以此来区别两树种。秋天,会结出像栗子长满刺的外壳一样的圆形果实。

叶形
宽卵形单叶

树高
卵形落叶乔木
20~25米

别名 台湾枫
分类 枫香树(金缕梅)科枫香树属
分布 原产于中国中南部地区
花色 褐色(雄花)、红褐色(雌花)
用途 庭院树、公园树、行道树、盆栽

1	2	3	4	5	6	7	8	9	10	11	12
			花期								
					果期						
										落叶	

▲红叶 红叶美丽,常用作庭院树、行道树。叶子初时泛黄,之后逐渐变红。小图为3裂的树叶。

▼果实 直径为3~4厘米的球形,落叶后,果实大多仍会留在长枝条上。小图为5裂的树叶。

北美枫香树

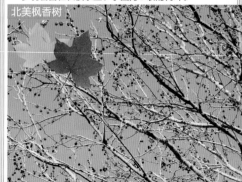

蜡 梅

在离春天还很遥远的冬天，开满小枝的黄花散发着清香。腊月（日本阴历十二月）开出形如梅花的花朵而得名"腊梅"，也有说是因为花瓣如蜜蜡般的色泽和质感而得名。花的中心部分有紫褐色的小花瓣。蜡梅品种中的"素心蜡梅"，花整体呈黄色。

▲冬芽 花芽几乎呈球形，长 4~6 毫米。对生。

▲果实 长卵形，长约 3 厘米。

▼叶 先端尖，长 7~15 厘米，微薄，表面粗糙。晚秋的时候叶子变黄后落叶。

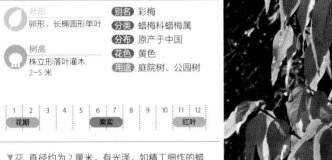

叶形 卵形、长椭圆形单叶	别名 彩梅
	分类 蜡梅科蜡梅属
树高 株立形落叶灌木 2~5 米	分布 原产于中国
	花色 黄色
	用途 庭院树、公园树

1	2	3	4	5	6	7	8	9	10	11	12
花期					果实					红叶	

▼花 直径约为 2 厘米。有光泽，如精工细作的蜡制品般的花朵，中心部分为紫色。小图为素心蜡梅。

观 察

素心蜡梅的花瓣都是黄色的，花大，香味浓。

日本胡枝子

舒缓的曲线、优雅的花姿，紫红色的蝶形花盛开，这是最美丽的胡枝子品种之一。日本叫"宫城野荻"，据说这个名字是从日本仙台市郊外的胡枝子名胜地——宫城野而来，但宫城县并没有野生的胡枝子。自生地不明，据说是由生长在日本海一侧的毛胡枝子培育出来的品种。在庭院和公园等地种植的胡枝子基本都是该品种。

背面

正面

毛胡枝子

▲叶 三出复叶。小叶长 2~6 厘米，背面有柔毛。

▲枝 茎和枝密生有毛。

▼新芽 胡枝子的日语名"萩"字，源于发芽之意。表示植物每年春天从老的植株中长出芽的意思。整体被绢毛。

叶形	别名	胡枝子、夏胡枝子
长椭圆形（小叶）复叶	分类	豆科胡枝子属
树高	分布	园艺品种
株立形落叶灌木 1~3 米	花色	紫红色
	用途	公园树、庭院树

1	2	3	4	5	6	7	8	9	10	11	12
						花期					

▼树姿 群生，在开花的同时枝头垂到地面。不怎么结种子。

观察

长约 1.5 厘米的蝶形花，花序约长 15 厘米，2 个花序对生。

白胡枝子

常种植于庭园、公园等地，会开出许多白色的花，所以得此名。是开出紫红色花朵的西木胡枝子的白花品种。从地际长出多条枝条。树形如日本胡枝子，但是枝条并不像日本胡枝子般垂下。1株上面会开出白色和紫红色花的品种为"复色胡枝子"。

叶形
椭圆形（小叶）复叶

树高
株立形落叶灌木
1.5~2米

别名	白花胡枝子
分类	豆科胡枝子属
分布	园艺品种
花色	白色
用途	庭院树、公园树

1	2	3	4	5	6	7	8	9	10	11	12

花期 7~9　果实 10

▲花 复色胡枝子的1朵花混有白色和紫红色。

▼树姿 有些枝条垂下来，但是在花朵盛开的时候枝条并不会明显下垂。小叶先端不尖。

滨柃

因长在海岸，且长得像柃木而得名，但它的小叶表面光润，前端圆，可以与柃木区别开来。叶子在小枝条上列成2排生长。寒冬时期，钟形的花朵似要将枝条淹没了般满满开放。花头朝下。花有强烈的臭味。圆形的果实成熟时变黑。

叶形
倒卵形单叶

树高
椭圆形常绿小乔木
4~6米

别名	豆柃
分类	五列木（山茶）科柃木属
分布	日本本州（千叶县以西）至冲绳
花色	浅黄绿色
用途	庭院树、公园树、绿篱

1	2	3	4	5	6	7	8	9	10	11	12

花期 11~12　果实

▲幼果 球形的浆果直径约为5毫米，从绿色渐变为黑色，雌雄异株。小图为花。

▼叶 圆叶先端有些许凹陷，长2~4厘米。叶缘有锯齿，稍向叶背面卷曲。小枝为红褐色。

枸 杞

生长在荒地和河堤上，自古以来就作为滋补的妙药而广为人知。从植株基部伸出几根细枝，呈拱形下垂，陆续开出浅紫色的小花。椭圆形的果实从夏末到初冬成熟变成红色。可把煮好的嫩芽和米饭混在一起，或者把果实做成果酒。

◀叶 枝条上有数片叶子，叶腋处有刺。

▼嫩芽 叶子无毛，软，长2~4厘米。叶缘无锯齿，平滑。可食用。

叶形
椭圆形至披针形
单叶

树高
株立形落叶灌木
1~2米

别名	无
分类	茄科枸杞属
分布	日本本州至冲绳
花色	浅紫色
用途	庭院树、绿篱

1	2	3	4	5	6	7	8	9	10	11	12
						花期					
								果实			

▼树姿 从植株基部开始分枝，分枝繁多，每个叶腋处有1~3朵直径约为1厘米的漏斗状花朵。

▼果实 长约1厘米的浆果，成熟时变成红色。略有臭气。

观 察
花的先端5裂，平开，有5枚雄蕊凸出。

黄土树

温暖的山谷间等地的斜面生长有该树。树皮一片片剥落，剥落后有红褐色的痕迹，就像是赌徒赌博输了被全身剥个精光的感觉，所以在日本叫作"赌博树"。有长达10厘米以上的深绿色的大叶子，叶腋处有短穗，上面长有花朵，形如刷子。先端尖、长椭圆形的果实在第二年初夏的时候会成熟，呈紫黑色。

		别名	毗兰树
叶形	长椭圆形单叶	分类	蔷薇科桂樱（樱）属
树高	卵形常绿乔木	分布	日本本州（关东地区以西）至冲绳
	10~15 米	花色	白色
		用途	公园树、绿化树

1	2	3	4	5	6	7	8	9	10	11	12
				果实			花期				

▲幼果 长约1.5厘米。开始为绿色，后从紫红色转变成紫黑色，第二年5月成熟。

◀花 花穗长约3厘米。5片花瓣翘起，长雄蕊显眼。叶长10~20厘米。

冬 樱

可以在冬春两季赏花的樱花，被认为是富士樱和日本山樱或山樱的杂交种。5片花瓣略带浅红色，之后变成白色。冬天开的花基本上没有花柄，花瓣先端有刻痕，所以看起来像是梅花。开花量大，很是华丽，而那一朵朵小小的樱花让人印象深刻。

		别名	小叶樱
叶形	卵形至倒卵形单叶	分类	蔷薇科樱属
树高	椭圆形落叶小乔木	分布	园艺品种（日本）
	10~15 米	花色	浅红至白色
		用途	庭院树、公园树

1	2	3	4	5	6	7	8	9	10	11	12
			花期							花期	

▼树姿 从 10 月开始开花，11 月下旬 ~12 月上旬是开花的高峰时期，在寒冬季节也能赏到花。

品尝新芽、嫩叶、果实等野生味道

森林等地是一年四季都能遇到野菜的宝库。春天的嫩芽、嫩叶，秋天的树木、果实等，平时无法品尝到的野生味道是多么的独特，也能为餐桌上的交流增添更多谈资吧。

山五加
➡ P110

感受这淡淡的苦味和香气

【切碎的山五加】

●准备

将嫩芽、嫩叶放入加了一撮盐的热水中煮，然后用水浸泡。

●做法

沥干水分、切碎，与用烤箱烤香的味噌和炒芝麻、鲣鱼一起，搅拌均匀。

山茶花
➡ P47

味道浓郁，煮起来很香

【炒枸杞】

●准备

将嫩芽、嫩叶放入加了一撮盐的热水中煮，然后用水浸泡。

●做法

沥干水分，和切成一口大小的香菇一起放入热油中炒，用酱油、甜料酒、少许酒调味。

枸杞 ➡ P212

省沽油
➡ P114

没有涩味，淡雅的味道

【省沽油拌芝麻味噌】

●准备

将嫩芽、嫩叶放入热水中轻轻焯一下，然后捞出来冷却。

●做法

切成适合食用的大小，和切碎的芝麻、味噌、糖、甜料酒拌在一起。

强烈的涩味中带点清甜

【山茶花天妇罗】

●准备

取山茶花的花萼，用洗净的布好好地擦拭水分。

●做法

面糊稍微软一点，只挂在花的外面，油的温度调到170℃左右，然后油炸。

五叶木通 ➡ P312

苦涩爽口

【五叶木通树芽饭】

●准备

将嫩芽、嫩叶放入加有一撮盐的开水中焯一下，然后用水浸泡。

●做法

沥干水分，粗略地切一下，加入少许酒和盐，然后放入煮好的米饭中搅拌。

嘴里蔓延着质朴的甜味

【煎锥栗】

●准备

把掉下来的果实捡起来，洗净、晾干。

●制作方法

用平底锅慢慢煎至皮有裂痕，去皮即可食用。也可以生吃，但煎起来会更香、更好吃。

景天桥
➡ P252

桑叶葡萄
➡ P306

山桑
➡ P268

【桑叶葡萄果酱】
●做法
取下果粒，加入砂糖和柠檬汁一起煮，在煮的过程中去掉种子和果皮。

用富含抗氧化成分
——花青素的果实来制作

【桑葚果酱】

●做法
将撒上糖的桑葚煮 10 分钟，然后加入柠檬汁，等到汁液还剩一点时关火。

当从树上收获了很多的果实后，我们可以将这些果实制成果酱和果酒。将一些自古以来就作为药用的树叶干燥处理后，可以制茶和沐浴露等。

贴梗海棠
➡ P57

【贴梗海棠酒】
●做法
在密封罐中放入黄色的成熟果实和冰糖，倒入白酒，浸泡 3 个月以上。

【北枳椇酒】
●做法
果柄经过 2~3 天的晒干处理后放入罐中加上冰糖，倒入白酒，浸泡 3 个月以上。

日本女贞
➡ P173

枇杷
➡ P239

北枳椇
➡ P265

【日本女贞叶】
夏天采集树叶，晒干后放入袋中。代替沐浴露对治疗湿疹有好处。

【枇杷叶】
洗净后去除叶子背面的毛，在半干的状态下切碎，然后晒干。煎煮后可代替茶水或沐浴露。

注意事项：有过敏体质和慢性病的人及孕妇不要使用。另外，小心毒草，注意不要误用。

果实具有
特色的树木

如果说春夏是开花的旺季，那么秋天就是
结果的佳期。这时会有许多美丽不输于花
朵的果实。下面将会给大家介绍以前孩子
们常竞相争捡的橡子，以及红色、紫色、
黄色、黑色等各种颜色和形状的果实。通
过不同的色彩，也能在某种程度上判断出
这些树种。

白棠子树

比同属的日本紫珠整体要小一些，但即使是小植株也能结出许多果实。在比叶子稍高一些的地方结果，所以可以与在叶腋处结果的日本紫珠区别开来。绿色的果实在进入深秋之后会变成紫红色，落叶之后暂时还会残留在枝条上，在万物枯萎的寒冬时期，种植在庭院里十分夺目。结出白色果实的品种叫作白果白棠子树。

白果白棠子树

▲花 雄蕊和雌蕊凸出，花序长在比叶腋要靠上一些的地方。

▲果实 也叫白式部的白果品种。

▼叶 无毛，先端呈尾状，尖，长 3~7 厘米，对生。叶缘只有上半部分有锯齿。

叶形	倒卵状长椭圆形单叶	别名	小紫式部
		分类	唇形（马鞭草）科紫珠属
树高	株立形落叶灌木 1~2 米	分布	日本本州至冲绳
		花色	浅紫红色
		用途	庭院树、公园树

1	2	3	4	5	6	7	8	9	10	11	12
						花期			果实		

观察

果实的直径约为 3 毫米。在着生叶子的基部之上固定生长有多个果实。

▼树姿 带紫色的细枝长长伸展、垂下，圆形的果实群生，秋天会变成紫色。

油橄榄

该树是南欧的代表性植物，从公元前3000年左右开始栽培，被视为和平与幸福的象征，联合国旗帜上就有该植物枝叶的图案。江户末期传入日本。小花会散发出芳香，呈穗状花序，花量大。叶子细长，革质，叶背为银白色，细枝随风摇曳的姿态十分美丽，是十分有人气的庭院树。

叶形		
披针形单叶	别名	洋橄榄
	分类	木犀科木犀榄属
树高	分布	原产于小亚细亚、
卵形常绿乔木		地中海沿岸
5~10米	花色	黄白色
	用途	庭院树、公园树、行道树

1	2	3	4	5	6	7	8	9	10	11	12
				花期					果实		

▲ 花 直径为6~7毫米。对生叶的叶腋处长出许多花，4裂开放，散发芳香。叶长2.5~6厘米。

◀果实 长1.2~4厘米，由绿色转变成浅黄绿色、紫红色。完全成熟的时候变成黑紫色。

草莓树

因为红色的果实会让人联想到草莓，所以有了这个名字。英文名也是草莓树（strawberry tree）。深秋时节，花串下垂，奶油色的壶状小花陆续开放。果子在第二年秋天就会变色，可同时欣赏花和果，果实可制成果酱、果酒食用。还有矮生品种的"姬草莓树"及红花品种等。

叶形		
椭圆状披针形单叶	别名	士多啤梨树
	分类	杜鹃花科草莓树属
树高	分布	原产于地中海沿岸、
株立形常绿灌木		爱尔兰
2~3米	花色	黄白色
	用途	庭院树、公园树

1	2	3	4	5	6	7	8	9	10	11	12
										花期	
								果实			

▶花 叶子有光泽、长约10厘米。从枝头上垂下壶形的花朵，朝下开放。

▼果实 直径约为2厘米，有颗粒状凸起。第二年秋天会从绿色转变成黄、橙色，然后再变成红色。

姬草莓树

朱砂根

红色的果实很美丽，比草珊瑚（日语叫"千两"）要好看，所以日语叫"万两"。因为有一个吉祥的名字，所以常种植在花园和花盆里，也有斑叶等园艺品种。在笔直的茎上部稀疏地长出小枝，在小枝的顶端有十几朵朝下开的白花。到了夏天，有时仍有果实留在树上，所以可以实现同时观赏花和果实。

叶形 长椭圆状单叶	别名 无
	分类 报春花（紫金牛）科紫金牛属
树高 不规则形常绿灌木 0.3~1 米	分布 日本本州（关东地区以西）至冲绳
	花色 白色
	用途 庭院树、公园树

1	2	3	4	5	6	7	8	9	10	11	12
果实					花期					果实	

▲花 直径约为 8 毫米，5 裂，花瓣卷起。深绿色的厚叶片长 4~13 厘米，叶缘呈波浪状。

▼果实 圆果，直径为 6~8 毫米，垂下。长出白色果实的叫"白果万两"。小鸟喜食。

百两金

百两金是紫金牛和朱砂根的同属植物，也叫"百两"，生长在日本关东以西的树林中，也可以种植在花盆和庭院里，是冬天在深绿色的叶子下静静地结出红色果实的小树。除了白果、黄果，还有花斑叶、叶片扭曲等园艺品种。夏天，白色的星形小花垂首绽放。

叶形 狭卵形至披针形单叶	别名 百两
	分类 报春花（紫金牛）科紫金牛属
树高 不规则形常绿小灌木 0.2~0.7 米	分布 日本本州（茨城、新潟县以西）至冲绳
	花色 白色
	用途 庭院树、公园树

1	2	3	4	5	6	7	8	9	10	11	12
果实					花期					果实	

▲花 直径为 7~8 毫米，先端 5 深裂，看起来像有 5 片花瓣。从叶基长出的柄上有 10 朵左右的花。

▼果实 直径为 6~7 毫米的圆形果实，成熟后呈红色，第二年 4 月左右仍留在枝条上。也有结出白果的园艺品种。

桃叶珊瑚

光滑的枝条和有光泽的叶子，一年四季都是绿油油的，所以又叫"青木"，是日本的特有树种，生长在山地的树林中，也作为庭院树木栽培。从冬天到春天，成熟变红的果实很美。在阴凉处也能生长，在欧美也很有人气。还有白色或黄色的果实，以及斑叶等品种。春天有很多浅紫色的4瓣小花盛开。

▲雄花 4片花瓣，直径约为1厘米，有4枚雄蕊。

▲雌花 直径约为1厘米，无雄蕊。

▼叶 枝条的上部聚集生长着叶子。先端尖，长8~25厘米，叶缘有粗锯齿。也有很多斑叶品种。

斑叶品种

叶形 卵状长椭圆形 单叶	别名	东瀛珊瑚
	分类	桃叶珊瑚（山茱萸）科 桃叶珊瑚属
树高 株立形常绿灌木 2~3米	分布	日本北海道（南部）至冲绳
	花色	浅紫色
	用途	庭院树、公园树、绿篱

1	2	3	4	5	6	7	8	9	10	11	12
		花期									
果实											果实

▼果实 雌雄异株，雌株结椭圆形的红色果实。果实有时候到第二年开花的时候也一直留在枝条上。

胡颓子

因为在播种培育稻苗的苗圃时期，果实会成熟变红，所以又叫"苗代茱萸"，是一种常绿胡颓子属植物，小枝上有刺。叶厚，边缘起伏，正面有光泽，呈深绿色；背面有银色的鳞片状毛，呈褐色。其园艺品种"金边胡颓子"，叶子边缘有斑点，一年四季都能欣赏到美丽的叶子。芳香的花儿在秋天盛开。

叶形
长椭圆形单叶

树高
株立形常绿灌木
2~3米

别名 蒲颓子
分类 胡颓子科胡颓子属
分布 日本本州（伊豆半岛以西）至九州
花色 浅黄褐色
用途 庭院树、公园树、绿篱

1	2	3	4	5	6	7	8	9	10	11	12
				果实					花期		

金边胡颓子

▲叶 长5~10厘米。叶缘有黄斑，从秋天到冬天，叶色变得更为鲜艳。

▼果实 长约1.5厘米，长椭圆形。有涩味，但是能食用。

木半夏

因果实在夏天成熟变成红果而得名"夏茱萸"，是最有名的深落叶性胡颓子属植物。长柄垂下，有许多美丽的红色果实长在柄上，果实美味，所以常被种植在庭院里。春天会开出筒形的花朵。没有花瓣，看起来像花瓣的是发达的萼。萼筒先端4裂，从叶腋处长出1~3朵垂下绽放的花朵。

叶形
宽椭圆形、宽卵形单叶

树高
株立形落叶灌木
2~4米

别名 山胡颓子
分类 胡颓子科胡颓子属
分布 日本北海道（南部）、本州（福岛县至静冈县的太平洋一侧）
花色 浅黄色
用途 庭院树、公园树

1	2	3	4	5	6	7	8	9	10	11	12
			花期								
				果实							

▲花 萼呈圆筒形，长8毫米。春天，有香气的花朵长在长柄上，朝下绽放。

▼果实 长1.2~1.7厘米的宽椭圆形果实，从长8~12毫米的果柄上垂坠下来。小鸟喜食。

秋茱萸

因红色的果实在秋天成熟而得名。从春天到初夏，有很多带有香味的黄色小花盛开。没有花瓣，筒状的萼先端4裂，看起来像花瓣。枝条上有许多圆滚滚的果实，直径约为7毫米，球形，果实表面有白点，酸酸甜甜，可以食用，但是入口后又会有些涩味。

		别名	无
	叶形 长椭圆状披针 形单叶	分类	胡颓子科胡颓子属
		分布	日本北海道（西南部） 至九州
	树高 株立形落叶灌木 2~3米	花色	白至黄色
		用途	庭院树、公园树

1	2	3	4	5	6	7	8	9	10	11	12
				花期			果实				

▲花 长约6厘米，在叶腋处有1~6朵花成1束垂下。花色初时为白色，之后逐渐变成浅黄色。

▼果实 直径为6~8毫米的圆果，果柄短，果实聚集生长在枝条上，成熟时变红。

垂丝卫矛

花和果实挂在长10厘米以上的长柄上，所以得此名。初夏，略带紫色的浅绿白色的花朵平开。圆圆的果实是红色的，成熟后5裂，会露出由红色的皮包裹着的种子。虽然和西南卫矛很像，但垂丝卫矛有5片花瓣和雄蕊，而西南卫矛为4片花瓣，果实4裂。

		别名	球果卫矛
	叶形 卵状长椭圆形 单叶	分类	卫矛科卫矛属
		分布	日本北海道至九州
	树高 伞形落叶灌木 1~4米	花色	浅绿白、浅紫色
		用途	庭院树、公园树

1	2	3	4	5	6	7	8	9	10	11	12
				花期				果实			
									红叶		

▲花 自叶腋处长出长长的花柄，先端有几条分枝，其先端有直径约为8毫米的花一朵接一朵地开放。

▼果实 球形，直径约为1厘米，秋天成熟后5裂，被红色的种皮包裹着的种子会露出来。

卫 矛

秋天的红叶很美，十分有魅力。犹如用金丝、银丝编织而成的锦缎般美丽，所以又名"锦树"。小果实随着深秋的到来成熟裂开，被橙红色种皮包裹的种子垂下来。卫矛的特点是枝节间有软木质的"翅"，而没有翅的品种叫小西南卫矛，以此来区分两树种。

▲花 花瓣有 4 片，直径为 6~8 毫米，被叶子遮住，不太显眼。

▲果实 果皮裂开，内有红色的种子显现。

▼树姿 小西南卫矛也一样有着美丽的红叶，果实垂坠下来，但是枝上无翅，以此可与卫矛区别开来。

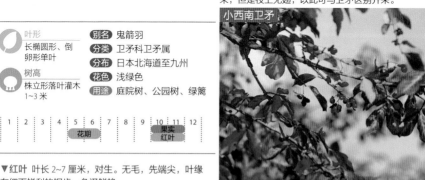

小西南卫矛

叶形	别名	鬼箭羽
长椭圆形、倒卵形单叶	分类	卫矛科卫矛属
树高	分布	日本北海道至九州
株立形落叶灌木 1~3 米	花色	浅绿色
	用途	庭院树、公园树、绿篱

1	2	3	4	5	6	7	8	9	10	11	12
				花期					果实 红叶		

▼红叶 叶长 2~7 厘米，对生。无毛，先端尖，叶缘有细而锐利的锯齿，色泽鲜艳。

观察 翅

树枝上有剃刀般的翅。

西南卫矛

无论是秋天的红叶，还是挂满枝头的果实，都很美，《源氏物语》中也出现了该树在庭院里栽种的场景。树枝有弹力且柔软，从前人们用它制弓，所以又名"真弓"。下垂的柄先端长有果实，成熟后为浅红色，4 裂，露出被朱红色的皮包起来的种子。还有成熟时果皮为乳白色，包裹种子的皮为红色的白果西南卫矛等品种。

◀叶 无毛，长5~15 厘米，叶缘有细锯齿，对生。

▼花 直径约为1 厘米，花瓣4 片，雄蕊4 枚。1 个花序上有1~7 朵花。

叶形 长椭圆形单叶	别名 山锦树、弓树
	分类 卫矛科卫矛属
树高 不规则形落叶小乔木 3~5 米	分布 日本北海道至九州
	花色 绿白色
	用途 庭院树、公园树、盆栽

1	2	3	4	5	6	7	8	9	10	11	12
				花期					果实		
									红叶		

▼果实 直径约为 1 厘米，从叶腋处垂下，下雪的时候残留在枝条上的果实会成为小鸟的食物。

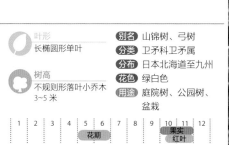

观察

四角的果实直径为8~10 毫米。有许多果实垂坠下来。

白果西南卫矛

▲果实 成熟时果皮为乳白色的白果品种。

冬青卫矛

常绿有光泽的叶子十分美丽，彩色带斑叶的园艺品种丰富多样。耐修剪，耐阴，所以人们多用该植物来做绿篱。初夏的时候会开出许多花朵，但是花朵小，颜色也比较普通，所以并不显眼。但是果实裂开，从晚秋到冬天都能看到从中露出来的橙红色种子，特别美丽。

▲叶 无毛，厚，长 3~8 厘米，叶缘有浅锯齿。

▲花 花瓣 4 片，雄蕊 4 枚，直径约为 7 毫米。

▼叶 一种具有金色芽的园艺品种"黄金冬青卫矛"。常种植在路边，让人赏心悦目。

黄金冬青卫矛

叶形		
椭圆形单叶		

别名	绿篱卫矛、日本卫矛、正木
分类	卫矛科卫矛属
分布	日本北海道（南部）至冲绳
花色	黄绿、绿白色
用途	庭院树、公园树、绿篱

树高		
椭圆形常绿小乔木 2~6 米		

1	2	3	4	5	6	7	8	9	10	11	12
果实					花期				果实		

▼果实 直径为 6~8 毫米的球形果实，从绿色转熟后呈红色，秋天为庭院增添色彩。

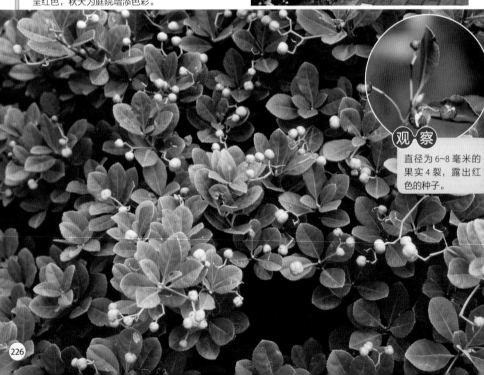

观 察

直径为 6~8 毫米的果实 4 裂，露出红色的种子。

齿叶冬青

虽然和小叶黄杨很像，但因为木材材质不好，没什么作用，所以在日本冠名"犬"字，叫"犬黄杨"。以小叶黄杨的名字种植在院子里的大多是该品种。生长快，易修剪，除了可用作绿篱外，也可作为灌木等种植。像是有光泽的圆叶金眼黄杨和豆黄杨等，该树的品种也很丰富。花朵不显眼，但在秋天会结出黑色的果实。

▲叶 长1~3厘米。小叶黄杨的叶序对生，但是齿叶冬青的叶序为互生。

▲雄花 叶腋处有数片花瓣，也有4枚雄蕊。

	叶形
	椭圆形、长椭圆形单叶
	树高
	卵形常绿小乔木 2~6米

别名	山黄杨
分类	冬青科冬青属
分布	日本本州至九州
花色	黄白色
用途	庭院树、公园树、绿篱、盆栽

1	2	3	4	5	6	7	8	9	10	11	12
					花期				果实		

▼果实 雌雄异株，结果的是雌株。在冬青科植物中，结出黑色果实的只有齿叶冬青类植物。

▼灌木 树势强，耐强剪，所以可以随心所欲的修剪树形。

（雌花）

观察

雌花直径约为5毫米。4枚雄蕊退化，每个叶腋处长有1朵雌花。

铁冬青

冬青属植物，可将其树皮制成粘鸟胶。因其青年树的枝条和叶柄呈紫色，看上去很黑，所以又名"黑铁檫"。初夏，在嫩枝的叶腋处开白色或浅紫色的小花，深秋，圆圆的果实成熟后呈红色。树形丰满，而深绿色的叶子和挂满枝头的红色果实形成对比，十分美丽，是一种充满魅力的树木。

（成年树）

▲雌花 4~6 片花瓣，直径约为 4 毫米，在叶腋处开花。

▲树皮 灰白色，光滑，有皮孔。

叶形		别名	无
椭圆形单叶		分类	冬青科冬青属
树高		分布	日本本州（关东地区、福井县以西）至冲绳
圆盖形常绿乔木 6~15 米		花色	白、浅紫色
		用途	庭院树、公园树、行道树、盆栽

1	2	3	4	5	6	7	8	9	10	11	12
果实				花期					果实		

▼叶 无毛，长 6~10 厘米，两端尖，叶缘光滑，互生。

叶柄

▼果实 雌雄异株，长红色圆果的是雌株。果实在第二年仍留在枝条上。

观察

叶柄略长，与嫩枝一同带有紫色，这点可以和全缘冬青区别开来。

全缘冬青

将树皮捣碎，放入水中揉搓，可以制成粘鸟胶，因而又叫"黐木"。在直立的树干上，深绿色的叶子茂密生长，给人以一种重量感，所以是日式庭院里不可或缺的树种。春天，在叶腋处开出小花，秋天结出许多红色的小果实。雌雄异株，所以美丽的果实只有雌株上才有。

成年树

▲叶 两端尖，长 4~7 厘米，叶厚而硬，叶缘平滑。

▲树皮 灰白色，光滑，有皮孔。

▼雄花 二年生枝的叶腋处长有许多雄花，4 片花瓣，4 枚雄蕊。

叶形
椭圆形单叶

树高
椭圆形常绿乔木
6~10 米

别名 黐
分类 冬青科冬青属
分布 日本本州（宫城、山形县以南）至冲绳
花色 黄绿色
用途 庭院树、公园树、行道树

1	2	3	4	5	6	7	8	9	10	11	12
果实			花期							果实	

▼果实 雌花结果，晚秋时期果实成熟变红，到第二年一直留在枝条上。小鸟会来吃果子。

观察
圆果的直径约为 1 厘米。先端的柱头留有黑色痕迹。

欧洲冬青

11 月左右结出红色的果实，所以又叫"圣诞冬青"。作为神圣的树，在欧美的圣诞节时会用作装饰。叶缘有刺状锯齿，在叶腋处聚集开出带有香气的小花。叶色美丽，有很多斑叶品种。近亲品种"美国冬青"和"枸骨"都为冬青属植物，同样为人们所用。

枸骨

枸骨

▲叶 也叫"中国冬青"，叶子为四角状，四角上有刺。

▲雌花 长出黄白色的花朵。

▼叶 与欧洲冬青相像，但是该品种的花为黄白色，叶子没有光泽，叶子背面泛黄，这些都是两树种的不同点。

美国冬青

叶形
椭圆形单叶

树高
圆锥形常绿小乔木
6~10 米

别名 英国冬青
分类 冬青科冬青属
分布 原产于西亚、欧洲南部、非洲北部
花色 白色
用途 庭院树、公园树、绿篱

1	2	3	4	5	6	7	8	9	10	11	12
				花期						果实	

▼树姿 与自生在日本的柊树很相似，但是该品种属冬青科，叶互生，这点和日本的柊树不同。

雌花

观 察

4 片花瓣。绿色的子房先端有柱头，授粉后结出红色的果实。

落霜红

因为叶子像梅树的叶子而得名"梅拟"。红色的果实很美,所以也被用作庭院树木、盆栽、花材的材料。初夏,叶腋处的浅紫色小花聚集开放。雌雄异株,雌株上会结出直径约为5毫米的圆果,成熟的时候为红色,落叶之后会留在枝条上,小鸟喜食。有果实大的"大纳言"等园艺品种。

白落霜红

▲果实 花白,果实成熟的时候也为白色的白落霜红。

成年树

▲树皮 灰褐色,平滑。

▼叶 长3~8厘米,叶缘有细锯齿。短毛在一面生长,所以触感有些粗糙。

叶形	别名	大叶落霜红
椭圆形、卵状长椭圆形单叶	分类	冬青科冬青属
树高	分布	日本本州至九州
株立形落叶灌木 2~3米	花色	浅紫色
	用途	庭院树、公园树、盆栽

1	2	3	4	5	6	7	8	9	10	11	12
果实				花期				果实			

▼果实 球形,直径约为5毫米。鲜红的果实在叶子掉落后仍有很多留在枝条上,十分美丽。

▼花 4~5片花瓣,直径约为4毫米。雌花的绿色子房十分明显。

小叶黄杨

说起小叶黄杨，可能人们的脑海里会浮现出梳子、印鉴、象棋棋子。小叶黄杨的木材以材质硬、结实而闻名，在《万叶集》中也有记载。光滑的叶子对生，在小枝头的叶腋处开出没有花瓣的小花。圆形的果实有 3 个角，秋天成熟后 3 裂。另外，像姬黄杨、锦熟黄杨等品种常种植在庭院、花坛边缘等处。

果实

锦熟黄杨

姬黄杨

▲果实 绿褐色的蒴果成熟时 3 裂。

▲叶 姬黄杨的叶子略薄，长 1~2 厘米。

▼树姿 锦熟黄杨也叫"箱木（Box wood）"，密生有光泽的叶子，常被人们种植在花坛边。

叶形	倒卵形单叶		别名	朝熊黄杨、本黄杨、黄杨
树高	椭圆形常绿灌木、小乔木 2~9 米		分类	黄杨科黄杨属
			分布	日本本州（关东地区以西）至九州
			花色	浅黄色
			用途	庭院树、公园树、绿篱、盆栽

1	2	3	4	5	6	7	8	9	10	11	12
		花期						果实		红叶	

锦熟黄杨

▼花芽 球形，被有膜质的芽鳞包裹，长在小枝头、叶腋处。叶芽为长椭圆形。小图为花。

观察

包围着 1 朵深绿色雌花的数朵雄花。

枣 树

其日语名中有"夏芽"的意思，意指该树是在初夏的时候才发芽。很早传入日本，在《万叶集》中也有关于该树的诗作。枝条一般长有长刺。秋天，在卵形叶的叶腋处开出黄绿色的 5 瓣小花。秋天成熟的暗红色果实，自古就被人们用来制作甜点或药用，酸甜如青苹果，可以生吃。

◀树皮 黑褐色至灰色。纵向有裂纹。

成年树

▼叶 互生，光滑且有光泽，长 2~4 厘米。叶缘有参差不齐的锯齿，3 条叶脉清晰明显。

	叶形
	卵状椭圆形至卵形单叶
	树高
	卵形落叶小乔木 5~10 米

别名	无
分类	鼠李科枣属
分布	原产于中国北部
花色	黄绿色
用途	庭院树、公园树

1	2	3	4	5	6	7	8	9	10	11	12
					花期				果实 红叶		

▼果实 椭圆形的核果，长 2~3 厘米。随着逐渐成熟，会从绿色转变成浅黄、暗红色。

观察

熟透后果肉会有渣，生食时最好是开始变红还未完全成熟的时候食用。

▼花 直径为 5~6 毫米，花瓣、萼片各有 5 片，雄蕊 5 枚。

交让木

古时就叫"交让木",为了在春天长出新叶后能看到它的生长,从夏天到秋天会落下老叶。因与让孩子们长大后传承家业,使家族繁荣相通,人们将其作为吉祥树种植在庭院等处。新叶长出来后,小花聚集开放,秋天果实成熟后变黑。长叶柄略呈红色,与鲜绿色的叶子交相辉映。

(成年树)

▲树皮 灰褐色,光滑。有椭圆形的皮孔。

▲雄花 没有花瓣,紫褐色的花药很显眼,在老叶和新叶之间生长。

▼叶 无毛,先端短尖,长8~20厘米,聚集生长在枝头并垂下。叶柄为红色是该树的特征。

叶形 长椭圆形至倒披针形单叶	
树高 卵形常绿乔木 4~10米	

别名	枸血子
分类	虎皮楠(大戟)科虎皮楠属
分布	日本本州(东北地区南部以南)至冲绳
花色	茶褐色(雄花)
用途	庭院树、公园树

1	2	3	4	5	6	7	8	9	10	11	12
				花期						果实	

▼树姿 雌雄异株,雌株零散生长在枝条上,结出如铃铛般的椭圆形果实。小图为成熟的果实。

观察

果实 长8~10毫米,晚秋成熟的时候变成蓝黑色,表面有白粉。

花 椒

古时在日本叫"姜"，写成"山椒"，"椒"表示有辣味的果实。在菜肴里面叫"树芽"，叶子和果实有独特的香味和辣味，自古以来就被人们用作香辛料和药用。在与尖锐的刺相对而生的枝头上，开有许多浅黄绿色的小花。雌雄异株，雌株结红色果实，成熟后露出有光泽的黑色种子。

叶形
卵状长椭圆形、圆形（小叶）复叶

树高
不规则形落叶灌木
1~5 米

别名 大椒
分类 芸香科花椒属
分布 日本北海道至冲绳
花色 浅黄绿色
用途 庭院树、公园树

1	2	3	4	5	6	7	8	9	10	11	12
			花期					果实		红叶	

▲雄花 没有花瓣，长约 2 毫米的小花聚集绽放。叶子为长有 9~19 片小叶的奇数羽状复叶。

◀果实 圆果，直径为 5 毫米。从绿色转熟后呈红色，裂开后中间会有 1 粒有光泽的黑色种子。

枳

北原白秋作词，山田耕筰作曲的歌曲《枳花》是相当有名的日本歌曲。在日本叫"唐橘"，意为这是由唐朝时期传到日本的橘子树，是古时就传到日本的树种，《万叶集》中有 1 首关于该树的诗歌。在春天叶子发芽之前，在长刺的根部会开出一朵芳香的白花。秋天结出黄色的成熟果实，可用于酿制果酒等。

叶形
倒卵形、长椭圆形（小叶）复叶

树高
不规则形落叶灌木
2~3 米

别名 枸橘
分类 芸香科柑橘属
分布 原产于中国
花色 白色
用途 庭院树、公园树、绿篱

1	2	3	4	5	6	7	8	9	10	11	12
			花期					果实			

◀花 直径为 3.5~5 厘米。5 片花瓣间隔得较开，在刺的间隙开花。

▼果实 直径为 3~5 厘米的球形果。香气迷人，但是苦味的种子较多，所以不能食用。叶子为长有 3 片小叶的复叶。

日本茵芋

因为叶子与五味子科的日本莽草相似，又生长在山中，所以又叫"深山樒"（"樒"为日本莽草之意）。有光泽的深绿色叶子和红彤彤的果实形成鲜明的对比，十分美丽，常种植在庭院或用作绿篱、花材等。雌雄异株，春天枝头上开出许多有香味的白色4瓣花。雌株在花后结出球形的果实，冬天成熟时变红。果实、叶子含有生物碱，有毒。

 叶形
倒卵状长椭圆形单叶

 树高
株立形常绿灌木
1~1.5米

别名 红玉珠、深山
分类 芸香科茵芋属
分布 日本本州（关东地区以西）至九州
花色 白色
用途 庭院树、公园树、绿篱

1	2	3	4	5	6	7	8	9	10	11	12
果实			花期								果实

▲雌花 花瓣有4片，直径约为1厘米。圆锥花序，花量大。有紫红色的萼和花柄。

▼果实 球形，直径为5~8毫米的核果。叶子有光泽，长6~13毫米，聚集生长在枝头上。果实和叶子都有毒。

平枝栒子

在明治初年传入日本。枝条水平伸展，在地面匍匐扩展开来，形成独特的树形。长大后枝头会垂下。有光泽的叶子在分枝繁茂的枝条上互生，初夏，略显红色的白色花朵在枝条的一面盛开，十分美丽，但该树的最大特征是从秋天到冬天都是鲜红色的果实，新年后也仍然会留在枝条上，十分有人气。

 叶形
倒卵形单叶

树高
匍匐形落叶、半常绿小灌木
0.2~1米

别名 栒刺木、岩楞子
分类 蔷薇科栒子属
分布 原产于中国
花色 粉、白色
用途 庭院树、公园树、地被植物、盆栽

1	2	3	4	5	6	7	8	9	10	11	12
果实				花期						果实	

▲花 花瓣有5片，花直径不足1厘米，小花开在叶腋处。叶子有光泽，长8~15毫米。

▼果实 并排从枝条上垂下，直径约为5毫米的圆形果实，产量大，似要将树的枝条都覆盖掉一般。

郁 李

古时名"唐棣花"，在《万叶集》中有记载的拥有美丽花色的树木。粉色的小花长满细枝。长出叶子的同时开花。开出的花朵形如梅花，常被人们种植在庭院里享受赏花的乐趣，所以又叫"庭梅"。夏天长出可食用的成熟红果子，所以也叫"小梅"。日本的花匠们称该树为"林生海"。

叶形
卵形、卵状披针形单叶

树高
株立形落叶灌木
1~2 米

别名 爵梅、小梅
分类 蔷薇科樱属
分布 原产于中国中南部
花色 粉、白色
用途 庭院树、公园树

1	2	3	4	5	6	7	8	9	10	11	12
			花期		果实						

▲花 花瓣有 5 片，直径约为 1.3 厘米。有短花柄，生长于二年生枝的叶基部。

▼果实 直径约为 1 厘米，球形，底部凹陷。叶长 4~6 厘米，无毛。

毛樱桃

据说是在江户初期传入日本的。白色或略带红色的白色花朵，贴在枝条的一面盛开。在梅雨季节会结出许多鲜红色的果实，可生食或酿制成果酒。与郁李非常相似，但郁李叶上没有毛。本树种在嫩枝和叶子上长有柔软的细毛，可以以此将两树种区别开来。

叶形
倒卵形单叶

树高
株立形落叶灌木
3~4 米

别名 山樱桃、梅桃
分类 蔷薇科樱属
分布 原产于中国北部
花色 白、粉红色
用途 庭院树、公园树

1	2	3	4	5	6	7	8	9	10	11	12
			花期		果实						

▲花 直径为 1.5~2 厘米的 5 瓣花。花柄很短，花贴在树枝上开放。

▼果实 直径约为 1 厘米的球形果实，不像郁李的果子那般凹陷。叶长 4~7 厘米，表面有毛。

紫叶李

据说是原产于西亚、与樱花同种的樱桃李的变种。叶子从新叶开始就带紫红色。花在出叶前就开始绽放，在开花时出叶，与泛白的花形成鲜明对比。果实也是紫红色的，在夏天成熟，可以生吃。花、叶、果都很有观赏价值，作为为数不多的红叶树常被种植在庭院里。

叶形
长椭圆状披针形单叶

树高
圆盖形落叶小乔木
5~7 米

别名 红叶樱、红叶李
分类 蔷薇科樱属
分布 原产于中亚、高加索地区
花色 浅红色
用途 庭院树、公园树

1	2	3	4	5	6	7	8	9	10	11	12
			花期			果实					

▲花 5片花瓣，直径为 2~2.5 厘米，花萼也为紫红色，十分美丽。叶薄，先端尖，秋天变成深紫红色。

▼果实 扁球形，直径为 3~5 厘米，有酸味，带有芳香，可生吃。也有作为果树栽培的品种。

姬苹果

据说是虾夷小苹果和原产于中国的楸子的杂交种。用作可观赏的庭院树、盆栽等。叶子和花同时长出，花蕾在开始开花的时候是浅红色的，盛开的时候变成白色。秋天小苹果像樱桃一样挂在长柄上，落叶后仍长时间挂在树枝上，为庭院增添色彩。

叶形
椭圆形至宽椭圆形单叶

树高
椭圆形落叶小乔木
4~8 米

别名 楸子
分类 蔷薇科苹果属
分布 杂交种
花色 浅红至白色
用途 庭院树、公园树、盆栽

1	2	3	4	5	6	7	8	9	10	11	12
				花期					果实		

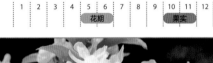

▲花 5片花瓣，直径为 3.5~5 厘米。花量大，为树木整体增添了一抹白色。

▼果实 直径为 2~2.5 厘米，像苹果的样子，但是和苹果不同的是果实挂在长果柄上。

木 瓜

据说在平安时代传入日本。在短枝头各开1朵浅红色的花。和贴梗海棠花相似的5瓣花，与新绿的叶子相映成趣，十分美丽。秋天，成熟变黄的果实散发出诱人的果香，果实可以做成果酱，也可以酿制成果酒用于止咳等。长相相似的榅桲，因为梨形的果实表面覆盖着茸毛，可以以此区别两树种。

叶形 倒卵形、椭圆形单叶	别名 无
	分类 蔷薇科木瓜属
树高 卵形落叶乔木 6~10米	分布 原产于中国
	花色 浅红色
	用途 庭院树、公园树、盆栽

1	2	3	4	5	6	7	8	9	10	11	12
			花期						果实 红叶		

▲雄花 5片花瓣，直径约为3厘米。浅红色，花色高雅，在枝头开1朵花。叶长4~8厘米。

▼果实 长10~15厘米的椭圆形果，味涩，硬，不能生吃。叶子飘散后黄色的大果实十分夺目。

榅桲

枇 杷

冷天来临的时候，被褐色茸毛覆盖的花蕾裂开，开出黄色的5瓣白花。在枝头上花朵聚集成圆锥花序，花量大，一边散发出甜甜的芳香一边陆续开放。在第二年初夏时会结出橙黄色的果实。据说是因为它的叶子和果实的形状很像乐器琵琶而得名"枇杷"。

叶形 宽倒披针形至狭倒披针形单叶	别名 无
	分类 蔷薇科枇杷属
树高 不规则形常绿乔木 6~10米	分布 日本大分县、山口县、福井县
	花色 白色
	用途 庭院树、公园树

1	2	3	4	5	6	7	8	9	10	11	12
花期					果实					花期	

▲花 在长10~20厘米的圆锥花序上，长有约100朵直径约为1厘米的小花。叶长15~20厘米。

▼果实 直径为3~4厘米的宽椭圆形果，初时有绵毛，后无。

火 棘

火棘是火棘属植物的总称，在日本主要有常盘火棘、细圆齿火棘、窄叶火棘 3 种，这 3 种统称为火棘。它们都在细枝上长有带光泽的深绿色小叶，春天白花点缀着枝头，秋天会结出让枝条弯曲的美丽果实，全年都可观赏。

窄叶火棘

窄叶火棘

▲果实 原产于中国的窄叶火棘，果实成熟后为橘色。

▲ 花 5~6月开花的窄叶火棘。

▼花 直径约为 8 毫米的小花聚集开放的常盘火棘。两面无毛为该植物的特征。

常盘火棘

叶形	别名	救军粮、火把果
倒披针形至狭倒卵形单叶	分类	蔷薇科火棘属
树高	分布	原产于中国、欧洲
不规则形常绿灌木 3~4 米	花色	白色
	用途	庭院树、公园树、绿篱、盆栽

1	2	3	4	5	6	7	8	9	10	11	12
果实				花期					果实		

▼果实 果实直径约为 6 毫米，成熟时为鲜红色的常盘火棘。一般作为火棘属植物栽培的就是这个品种。

常盘火棘

观察
也有叶子带斑的园艺品种。图为小型品种"哈莉·奎茵"。

茶藨子

在日本长野县和山梨县自然生长，不过，名字一般作为栽培品种的总称被使用，分为鹅莓（ribes）和加仑（currant）两类。鹅莓在多刺的枝条叶腋处结有小指尖大小的果实。而加仑有红豆大小的果实，呈簇状生长。和鹅莓不同，加仑的枝条上没有刺。两种的果实都可生食或制成果酱、果冻等。

红加仑

红加仑

▲花 加仑在日本又叫"房酸块"，成串开花（日语的"房状"指葡萄串状）。

▲果实 夏天红色的小果成熟。

▼ 因为果实带有酸味，所以又叫"醋栗"。自生品种的果实在9月结出成熟的紫红色果实。枝条有刺，可用作绿篱。

叶形 宽卵形单叶	别名	无
	分类	茶藨子（虎耳草）科 茶藨子属
树高 株立形落叶灌木 1米	分布	日本本州（长野、山梨县）
	花色	浅绿色（萼片）
	用途	庭院树、公园树、绿篱

1	2	3	4	5	6	7	8	9	10	11	12
				花期				果实			

▼果实 鹅莓有欧洲醋栗和美国醋栗两类，夏天圆形的果实成熟，变成黄绿色或紫红色。

欧洲醋栗

▼花 5片萼片反折，小花瓣直立。

欧洲醋栗

南天竹

在日本因为"祸转福"的日语发音通"南天"而得名。中药中，该树的果实有止咳的功效。初夏时期会开出许多小白花，呈圆锥花序。圆形的果实从晚秋到冬天逐渐转熟，变成红色。也有为白色果实的品种，叫白果南天竹。还有矮生种，通红的红叶从秋天一直到冬天都能观赏到的"多福南天竹"。

白果南天竹

▲叶 三回三出复叶，有光泽，在树干上部聚集生长。

▲果实 果实即使成熟后也不会变红的白果南天竹。

▼ 宽而圆的叶子，混有红、橙、黄等颜色，不高，常作为地被植物栽培。

多福南天竹

| | 叶形 | | 披针形（小叶）复叶 |
| | 树高 | | 株立形常绿灌木 1~3 米 |

别名	无
分类	小檗科南天竹属
分布	日本本州（茨城县以西）至九州
花色	白色
用途	庭院树、公园树、绿篱

1	2	3	4	5	6	7	8	9	10	11	12
果实					花期					果实 红叶	

▼果实 球形，直径为 6~7 毫米。成熟的红色果实是小鸟喜食的，并由鸟分散播种、生长。小图为花。

观察

圆锥花序上有多朵花。小花直径为 6~7 毫米，有6 枚黄色的雄蕊。

草珊瑚

圆圆的红色果实和绿叶形成对比，十分美丽。与紫金牛科的朱砂根（又名"万两"）相对应，草珊瑚又被称为"千两"，这是为了祈求吉祥而命名的，是日本新年装饰和切花中不可缺少的植物。"千两"是在日本江户初期出现的名字，在此之前叫"仙蓼"。日本俳句中也有"草珊瑚"的名字。初夏，在枝头上会长出小花，没有花瓣和萼片，看起来非常简单。

叶形
长椭圆形至卵状椭圆形单叶

树高
株立形常绿小灌木
0.5~1 米

别名	无
分类	金粟兰科草珊瑚属
分布	日本本州（东海地区、纪伊半岛）至九州
花色	黄绿色
用途	庭院树、公园树

1	2	3	4	5	6	7	8	9	10	11	12
果实						花期					果实

◀叶与花 枝头上有小粒般的花朵聚集在一起生长。叶子长 10~15 厘米，先端尖，叶缘有锯齿。

▼果实 球形，直径为 5~7 毫米。叶上长有果实，以此为特征可以和在叶下长果实的朱砂根区别开来。

假叶树

从植株基部长出多条树干，呈株立状。看起来像是卵形的叶子上有花和果实，但看起来像叶子的部分其实是扁平的枝条，叫"叶状枝"，也能进行光合作用。真正的叶子变成微小的鳞片状，不明显。叶状枝上长着花的样子被比作"木筏"，叶状枝很像罗汉松科的竹柏（日语中叫"梛"）的叶子，所以又叫"梛筏"。

叶形
卵形（假叶）单叶

树高
株立形常绿小灌木
0.2~0.9 米

别名	百劳金雀花、瓜子松
分类	天门冬（百合）科假叶树属
分布	原产于地中海沿岸
花色	浅黄绿色
用途	庭院树、公园树

1	2	3	4	5	6	7	8	9	10	11	12
果实		花期							果实		

◀叶状枝 长 1.5~3 厘米，硬，叶厚，革质，先端有刺，互生。

▼果实 雌雄异株，雌株在叶状枝的上面变成红色的成熟果实，直径约为 1 厘米，是圆形的浆果。

珊瑚树

因人们把其红润的果实比作珊瑚而得名。夏天果实的颜色淡淡的，冬天是深绿色的，有光泽的大叶子密密麻麻地生长着。因为叶子不容易燃烧，所以除了被用作绿篱之外，还能抵御空气污染，被种植在道路隔离带上。枝头开有许多圆锥形的白色小花。美丽的红色果实在完全成熟后会变成紫黑色。

成年树

▲新叶 长 7~20 厘米。有光泽，叶厚，在春天同时发芽。

▲树皮 灰白色，皮孔呈点状分布。

▼花 圆锥花序，长 5~16 厘米。花呈筒形，先端 5 裂，直径为 6~8 毫米。仅有淡香。

叶形
长椭圆形单叶

树高
卵形常绿乔木
6~10 米

别名	泡吹
分类	五福花（忍冬）科荚蒾属
分布	日本本州（关东地区南部以西）至冲绳
花色	白色
用途	庭院树、公园树、行道树、绿篱

1	2	3	4	5	6	7	8	9	10	11	12
					花期		果实				

▼果实 椭圆形至卵形的核果，长 7~9 毫米。夏天茂盛生长，变红，如铃铛般挂在树枝上。

观察

果实从红色转变成黑色。在果期，花序也会染红。

光蜡树

规则排列的叶子随风飘扬的姿态让人感觉很是凉爽。在枝头和叶腋处开出许多白色的芳香小花，组成大的圆锥花序，不久就会结出果实。树冠越长越白，从远处看像是开花了般的其实是铲形的翅果。虽然是在温暖地区生长的植物，但是由于抗寒性较强，近年来经常被用作行道树。

▲叶 有光泽，为奇数羽状复叶，长出 5~9 片小叶。

▲树皮 灰褐色，圆形的皮孔多。

叶形		别名	白鸡油
长卵形复叶（小叶）		分类	木犀科梣属
		分布	日本冲绳
树高		花色	白
圆盖形常绿或半常绿乔木		用途	庭院树、公园树、
10~20 米			行道树

1	2	3	4	5	6	7	8	9	10	11	12
					花期		果实				

▼花 雌雄异株，基部略微合拢，尖端4裂平开，有2枚雄蕊。

▼树姿 作为观叶植物很受欢迎。近几年在东京附近以西，该树也被用作行道树，所以很常见。

果实

观 察

白色倒披针形的果实，长 2~2.7 厘米，里面有细长的种子。

英 桐

英桐是常见的行道树。掌状 3~5 裂的大叶子，在秋天会变成黄色。雌雄同株，雄花和雌花分别开出球状的花，其实是长柄的尖端变成圆球垂下来形成的。另外，法桐的圆形果实接连垂下的样子，在日本被比作山野中修行的僧侣套着麻外衣的样子，所以又叫"红叶叶铃悬木"。

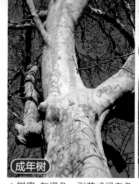

成年树

成年树

法桐

▲树皮 灰褐色，剥落成绿白色和暗绿色的纹样。

▲树皮 法桐的剥纹为白色。

❀ 叶形 宽卵圆形单叶	别名 二球悬铃木、 枫叶悬铃木
	分类 悬铃木科悬铃木属
⬮ 树高 卵形落叶乔木 10~30 米	分布 杂交种（英国）
	花色 浅黄绿色
	用途 公园树、行道树

1	2	3	4	5	6	7	8	9	10	11	12
			花期						果实		
									红叶		

▼叶 叶有深刻痕的法桐和叶有浅刻痕的美桐的杂交种。

▼雌花 从叶腋处垂下的花轴上，长出直径约为 1.5 厘米的球形花朵。叶密生有毛，后消失。

雌花

观察

直径约为 4 厘米的球形果实，一般每个花轴长 2 个。美桐为 1 个，法桐为 2~4 个。

果实

榉 树

该树的分枝在上部呈扇形展开，树形雄伟。在日语中其名有佳木之意，谐音过来就为"榉树"，古名"槻木"，在《万叶集》中也有记载。春天新叶长出的同时长出花朵。到了秋天，叶子从黄色染成红褐色，风一吹，长在叶腋处的歪球形果实就从小枝上掉落。

幼树

▲树皮 灰褐色，光滑，皮孔多，老树呈鳞片状剥落。

▼黄叶 绿叶很美，秋天的黄叶也很美。

▲叶 表面略粗糙，排成两列，互生。叶子先端长而尖，长 3~7 厘米，叶缘有锐锯齿。

叶形		别名	槻
狭卵形至卵形单叶		分类	榆科榉属
树高		分布	日本本州至九州
杯形落叶乔木 20~30 米		花色	浅黄绿色
		用途	行道树、庭院树、公园树、盆栽

1	2	3	4	5	6	7	8	9	10	11	12
			花期					果实	红叶		

▼树姿 长着鲜嫩的叶，树形宛如半开的扇子般优雅，是日本自然风景中不可或缺的一部分。

观察

结果的枝条会比别的枝条上的叶子更快变黄。果实直径约为 5 毫米，成熟时为灰黑色，挂在小枝条上随风摇曳。

果实

杂色花楸

秋天的红叶和成熟的红果与山野的秋空交相辉映。据说是因为该树的木材不易燃烧，即使放入炉子燃烧 7 次也有残留。梅雨时节，白色的花在枝头聚集成半球状盛开。果实在叶子还是绿色的时候就变红了，叶子掉下来后还留在树枝上，十分夺目。叶是有 11~17 片小叶的羽状复叶。

 叶形 披针形至长椭圆形（小叶）复叶
树高 卵形落叶乔木 6~10 米

别名 无
分类 蔷薇科花楸属
分布 日本北海道至九州
花色 白色
用途 庭院树、公园树、行道树

◀花 5 片花瓣，直径为 1~1.5 厘米。聚集在枝头，朝上盛开。

▼果实 长约 1 厘米的椭圆形果实，簇状生长，初时朝上，完全成熟后朝下垂。

乌冈栎

木材坚硬，是以最高级的薪炭材料而闻名的纪州备长炭的原料。因为抗环境污染能力强，所以也被用作行道树和绿篱。在新叶长出来的时候开花。雄花在新枝的基部多数垂下附着，雌花在上部的叶腋处长有 1~2 朵。果实（橡子）在第二年秋天成熟。叶厚，革质，表面稍有光泽。

 叶形 椭圆形单叶
树高 卵形常绿灌木 3~5 米

别名 石滴柴、乌岗栎
分类 壳斗科栎属
分布 日本本州（神奈川县以西）至冲绳
花色 浅黄色
用途 庭院树、公园树、行道树、绿篱

▲雄花 花序长 2~2.5 厘米。雄花直径约为 2.5 毫米，垂下生长。雌花不明显。

◀果实 橡子长约 2 厘米，如帽子般的外壳，密生有黄褐色的毛，第二年秋天转熟后呈褐色。

橡子

杨 梅

自然生长在温暖地区海岸附近的山地，从日本平安时代开始就成为人们吃的水果，由于抗大气污染，所以也被用作行道树和公园树。在枝头紧密附着的叶腋上开有圆柱形的花。雌雄异株，雄花呈穗状花序，雌花直立生长。红色成熟的果实具有恰到好处的酸味和甜味，除了生食外，还可制成果酱和果酒。

叶形		别名	圣生梅、白蒂梅、树梅
倒披针形单叶		分类	杨梅科杨梅属
树高		分布	日本本州（关东地区南部以西）至冲绳
圆盖形常绿乔木 6~20 米		花色	黄褐色（雄花序）、红色（雌花序）
		用途	庭院树、公园树、行道树

1	2	3	4	5	6	7	8	9	10	11	12
		花期			果实						

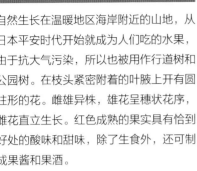

成年树

▲叶 聚集在枝头上，长 5~10 厘米。革质，叶硬，两面无毛。

▲树皮 光滑，灰色。

▼花 长 2~3.5 厘米的花穗上长有许多没有花瓣的雄花，花药在开花、花粉分散之前看起来是红色的。雌花的花穗长约 1 厘米，红色的花柱 2 裂，向花外凸出。

雄花

▼果实 直径为 1.5~2 厘米的球形果实，从红色转熟成暗红色。表面密生粒状凸起。

雌花

山桐子

长着像梧桐一样的大叶子。在以前，人们用这种叶子包饭，所以又叫"饭桐"。因为鲜红的果实像南天竹，所以又叫"南天桐"。果实从水平伸展的枝条上成串垂下，在树叶掉落后还留在树枝上，十分夺目。春天，带有芳香的绿黄色花，呈圆锥状集中盛开。

▲叶 长和宽都在 20 厘米左右，有长柄。

▲树皮 灰白色，光滑，有褐色的皮孔。

成年树

叶形
卵心形单叶

树高
卵形落叶乔木
10~15 米

别名	南天桐
分类	大风子科山桐子属
分布	日本本州至冲绳
花色	浅绿色
用途	庭院树、公园树、行道树

1	2	3	4	5	6	7	8	9	10	11	12
			花期						果期		
										红叶	

▼雄花序 雌雄异株。雄花和雌花都从枝头上垂下生长。雄花直径为 1.5 厘米，有许多雄蕊，十分明显。

▼树姿与果实 有粗枝呈放射状扩展的特点。初冬时在蓝天的映衬下，红色的果实垂坠下来的姿态十分美丽。

果实

观察
果实是直径为 8~10 毫米的圆形浆果。到第二年仍有许多果实留在枝条上。

榔 榆

在日本的乔木类中，最晚在 9 月开花，1个月后结出果实。因为在秋天开花结果，所以又名"秋榆"。野生在山地的沼泽边和河滩等地，不过，在日本关东地区的公园等地也有栽种。叶子表面有光泽，秋天变成黄叶。小花簇拥在叶腋下，花后结出翅果。

叶形	别名	石榉、小叶榆
长椭圆形单叶	分类	榆科榆属
树高	分布	日本本州（中部地区以西）至冲绳
卵形落叶乔木 10~15 米	花色	浅黄色
	用途	庭院树、公园树、行道树、树篱

1	2	3	4	5	6	7	8	9	10	11	12
								花期	果实		
										红叶	

▼果实 长约 1 厘米的扁平、椭圆形果实。初时为绿色，成熟时为浅褐色。落叶后，果实仍留在枝条上。

▲树皮 灰绿色至灰褐色。呈不规则鳞片状，留有剥落的斑纹。

▲叶 长约 4 厘米，叶缘有锯齿。

▼花 当年长出的枝条叶腋处有直径约为 3 毫米的小花，4~6 朵聚集开放。

观察
果实为翅果，翅的中心有种子。

251

景天栲

与类似的小叶栲一起，简称为锥栗。分枝繁多，叶子生长茂密，树形呈圆盖形。被称为锥栗的果实含有很多淀粉，生吃和炒着吃都很美味。初夏的时候，花儿密密麻麻地生长，使整棵树看起来都是黄色的，散发出强烈的气味，会招来昆虫。

小叶栲　成年树　成年树

▲ 树皮　小叶栲树皮呈灰黑色、光滑，基本上没有裂纹。

▲ 树皮　黑褐色，有纵向深裂纹。

▼雄花　长 8~12 厘米的穗状花序，垂下，雄蕊凸出。上部的雌花并不明显。

雌花

	叶形
	宽椭圆形单叶

	树高
	圆盖形常绿乔木 20~25 米

别名	锥栗、板椎、长锥栗
分类	壳斗科锥栗属
分布	日本本州（福岛、新潟县以西）至九州
花色	浅黄绿色
用途	庭院树、公园树、防火、防风树

1	2	3	4	5	6	7	8	9	10	11	12
				花期					果实		

▼果实　长 1.2~2 厘米的卵状长椭圆形果实，在第二年开花时成熟。成熟后壳 3 裂，露出果实。

小叶栲

观·察

果实长 1 厘米。与景天栲的果实相比要小一些，果实的下部有毛。

日本石栎

多见于温暖地区的海岸，因为植株强健，常被种植在公园和马路上，是常见的树木。长达20厘米又厚又大的叶子聚集在枝头。初夏，新枝上部叶腋处长出刷子状的雄花和雌花，第二年秋天果实（橡子）成熟。其果实在日本的橡子中是最大的，没有涩味，可食用。

成年树

▲叶 长 5~20 厘米，革质，有光泽，叶背为浅绿色。

▲树皮 灰黑色、光滑，有白色的竖条纹。

▼花 雄花长 5~9 厘米，呈穗状花序，雄蕊长而凸出，雌花斜向上伸展，在花序上点状分布开花。

叶形
倒卵状椭圆形
单叶

树高
卵形常绿乔木
10~15 米

别名	萨摩椎栗、又椎
分类	壳斗科石栎属
分布	日本本州至冲绳
花色	浅黄色
用途	庭院树、公园树、行道树、防火、防风树

1	2	3	4	5	6	7	8	9	10	11	12
					花期				果实		

▼果实 茶褐色，有光泽的坚果，需要 2 年时间生长，秋天成熟。

观察
果实长 2~2.5 厘米，为长椭圆形的橡子，基部少许凹陷。

槲树

别名： 槲栎、波罗栎

在日本用其叶子包裹制成的槲叶年糕十分有名。长出叶子的时候，雄花垂下开花，上部的叶腋处长出的雌花小，不显眼。秋天结出球形的果实。

叶形 倒卵状长椭圆形单叶		树高 落叶乔木	
10~15 米	分类 壳斗科	分布 日本北海道至九州	
花色 黄褐色（雄花）		花期 5~6 月	
果期 10~11 月	红叶 10 月~第二年 2 月		

蒙古栎

别名： 粗齿栎

木材含水量大，所以又叫"水楢"。形如枹栎，但是该树的叶柄极其短，所以可以以此来区别两树种。雄花从枝条上垂下。

叶形 倒卵形单叶		树高 落叶乔木 30 米	
分类 壳斗科	分布 日本北海道至九州		
花色 黄褐色（雄花）		花期 5~6 月	
果期 9~10 月	红叶 10~11 月		

枹栎

别名： 枹树、思茅槠栎、青栲栎

可以说是树林里的主角，是很常见的树木。春天的萌芽和秋天的萧萧红叶都十分别致。在叶子变红之前果实（橡子）就变色了。

叶形 倒卵形单叶		树高 落叶乔木 20 米	
分类 壳斗科	分布 日本北海道至九州		
花色 黄褐色（雄花）		花期 4~5 月	
果期 9~10 月	红叶 11~12 月		

麻栎

与枹栎一起是树林的代表树种。嫩叶长出之前，黄色的雄花成串垂下，即使从远处看也很显眼。结出圆形的橡子。

叶形 长椭圆状披针形单叶		树高 落叶乔木 15 米	
分类 壳斗科	分布 日本本州（岩手、山形县以南）至冲绳		
花色 黄褐色（雄花）		花期 4~5 月	
果期 10 月	红叶 11~12 月		

雄花

栓皮栎

别名：软木栎、粗皮青冈

树皮有厚厚的软木层，曾经人们栽培该树以获取软木。叶子很像麻栎，但因为叶背面有白色的毛，所以可以以此区别两树种。

叶形 长椭圆状披针形单叶	**树高** 落叶乔木　15 米	
分类 壳斗科	**分布** 日本本州（山形县以南）至九州	
花色 黄褐色（雄花）	**花期** 4~5 月	
果期 9~10 月	**红叶** 11~12 月	

白背栎

因为叶子的背面是白色的而得名。其特征是叶子的边缘呈波浪状。嫩叶长出的时候开花，雄花下垂，雌花附着在枝头的叶腋处。

叶形 长椭圆状披针形单叶	**树高** 常绿乔木　20 米	
分类 壳斗科	**分布** 日本本州（宫城、新潟县以西）至冲绳	
花色 绿色	**花期** 4~5 月	
果期 9~10 月		

青冈

在褐色的嫩叶长出的同时开花。多数雄花下垂，雌花附着在新枝上部的叶腋处。只有叶尖有锯齿。

叶形 倒卵状长椭圆形单叶	**树高** 常绿乔木　20 米	
分类 壳斗科	**分布** 日本本州（宫城、石川县以西）至冲绳	
花色 浅黄色（雄花）		
花期 4~5 月	**果期** 10~12 月	

小叶青冈

在日本关东地区常作为绿篱用。叶子的锯齿没有青冈那么明显。另外，因为叶子两面都是无毛的，可以和叶子背面有毛的青冈区别开来。

叶形 狭长椭圆形单叶	**树高** 常绿乔木　20 米	
分类 壳斗科	**分布** 日本本州（福岛、新潟县以西）至九州	
花色 绿色	**花期** 4~5 月	
果期 9~12 月		

荚 蒾

除了在山野中常见外，在公园和庭院中也有种植。比起花，红色的果实更具观赏性。自古以来就是与人们生活密切相关的植物，木材可做镰刀等的柄和拐杖，果实可用来给衣物染色和做腌渍物。

黄果荚蒾

黄果荚蒾

▲叶 长6~14厘米，两面有毛，叶缘有浅锯齿。

▲果实 果实成熟变黄的品种为黄果荚蒾。

▼花 直径为5~8毫米，有臭味，几乎在枝头上水平聚集在一块开花。5枚雄蕊凸出。

叶形	倒卵形、卵形至圆形单叶
树高	株立形落叶灌木 2~5米

别名	镰酸果
分类	五福花（忍冬）科 荚蒾属
分布	日本北海道（西南部）至九州
花色	白色
用途	庭院树、公园树

1	2	3	4	5	6	7	8	9	10	11	12
				花期			果实				
									红叶		

▼果实 在日本不同地方对其果实的叫法各有不同。果实味很酸，下霜后会变甜，可生吃。

观察

果实有光泽，有些扁平，呈卵状椭圆形，长约8毫米。

粉 团

生长在灌木丛中，带有装饰花的花呈团状，形如绣球，因而在日本叫"薮绣球"。小花的周围被白色的大装饰花包围着。十分夺目的白花 5 裂，平开，其中只有 1 片花瓣特别小，看起来像蝴蝶展开了翅膀，所以也被称为"蝴蝶树"。花后立即结出果实，从红色转熟，呈黑色。

▲花 枝头有直径为 5~10 厘米的花序。

粉美人
▲花 园艺品种，花略带粉色。

叶形
椭圆形至宽椭圆形单叶

树高
圆盖形落叶灌木、小乔木
2~6 米

别名 蝴蝶树
分类 五福花（忍冬）科
荚蒾属
分布 日本本州（太平洋
一侧）至九州
花色 白色
用途 庭院树、公园树

1	2	3	4	5	6	7	8	9	10	11	12
				花期			果实			红叶	

▼果实 花团中央的两性花会结出长 5~7 毫米的椭圆形果实。果实变成红色的时候，花序的枝条也会变红。

▼叶 长 5~12 厘米，对生。先端尖，叶缘有锯齿，无刻痕。

观 察
直径为 2~4 厘米的白色装饰花，花瓣肥大，所以很早就会散落。中心部分两性花的 5 枚雄蕊凸出。

男荚蒾

生长在阳光充足的树林中，但在日本海一侧看不到。在荚蒾属中，该树枝细叶小。开花的花序、果实下垂，叶子被弄伤或是经干燥处理会变黑，是该树的特征。细长伸展的花柄先端有白花零散开放。花后，椭圆形有光泽的红色果实每 2~3 个垂坠下来。

叶形
卵形至椭圆状披针形单叶

树高
株立形落叶灌木
1~3 米

别名 脉毛荚蒾
分类 无福花（忍冬）科荚蒾属
分布 日本本州（北陆地区除外）至九州
花色 白色
用途 庭院树、公园树

1	2	3	4	5	6	7	8	9	10	11	12
			花期					果实			
									红叶		

◄花 在变红的花柄先端，开出 5~10 朵带浅红色的白色小花。花序下垂。

▼果实 长 5~8 毫米，下垂。叶子长 4~9 厘米，先端尖，叶缘有锐锯齿，秋天变色。

毛叶荚蒾

如果伤到树皮和叶子，就有芝麻的味道，所以在日本又叫"芝麻树"。常见于阳光充足的山地。在长着硬叶的枝头，白色的小花呈圆锥花序聚集开放，有点像珊瑚树，但是因为该树是落叶树，所以可以区别开来。与果柄一起变红的果实，不久后会变黑脱落。

叶形
倒卵状长椭圆形单叶

树高
椭圆形落叶灌木、小乔木
2~7 米

别名 芝麻树
分类 五福花（忍冬）科荚蒾属
分布 日本本州（关东地区以西）至冲绳
花色 白色
用途 公园树

1	2	3	4	5	6	7	8	9	10	11	12
			花期					果实			
									红叶		

►花 直径为 7~9 毫米的高杯形花朵，先端 5 深裂，5 枚雄蕊凸出。圆锥花序，直径为 6~14 厘米。

▼果实 椭圆形，长约 1 厘米，果实的茎也是红色的。叶子长 6~15 厘米，叶脉凹陷，皱纹多。

天目琼花

生长在山地的树林中，但是日本关东地区以西的太平洋一侧没有分布。白色的装饰花包围着花中心的两性花。虽然很像粉团和显脉荚蒾，但是装饰花的形状是不一样的。天目琼花的装饰花 5 裂，花瓣大小大致相同。另外，叶子 3 裂也是其特征。

 叶形
宽卵形单叶

 树高
株立形落叶小乔木
2~6 米

别名 无毛天目琼花
分类 五福花（忍冬）科荚蒾属
分布 日本北海道、本州
花色 白色
用途 庭院树、公园树

1	2	3	4	5	6	7	8	9	10	11	12
				花期					果实	红叶	

◀花 花序的直径约为 10 厘米。夺目的白色装饰花直径为 2~3 厘米，5 片花瓣大小相当。

▼果实 即使成熟了也会非常苦，所以鸟都不会吃，在落叶后也仍然会留在枝条上。叶子 3 裂。

日本紫珠

紫红色果实在晚秋的阳光下被映衬得很美。美丽的果实在日本被比作《源氏物语》的作者紫式部，所以该植物又名"紫式部"。在林内和林边是很常见的植物，长得很大，果实稀稀拉拉是其特征。在对生的叶根处，密集地开有散发芳香的浅紫色小花。球状果实在落叶后还能长时间保留，让人赏心悦目。

 叶形
长椭圆形单叶

 树高
株立形落叶灌木
2~3 米

别名 紫珠、珍珠枫
分类 唇形（马鞭草）科紫珠属
分布 日本北海道至冲绳
花色 浅紫红色
用途 庭院树、公园树

1	2	3	4	5	6	7	8	9	10	11	12
					花期				果实	红叶	

▶花 筒形，先端 4 裂，平开。4 枚雄蕊凸出，在叶上开花。

▼果实 直径约为 3 毫米的球形，另外叶子为绿色，9 月左右开始变为紫色。叶长 6~13 厘米，对生。

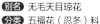

琉璃山矾

因生长在湿地，分枝繁多，茂密到堵塞沼泽，所以又名"盖泽树"。别名"西织树"是有"锦织木"的意思，源于该树的木灰是紫蓝色的媒染材料。无论是叶的正面还是背面均有毛，在长着粗糙叶子的枝头密集地开着白色小花。果实是扭曲的球形，秋天成熟时呈琉璃色，非常好看。

叶形		别名	盖泽树、西织树
倒卵形、椭圆形单叶		分类	山矾科山矾属
		分布	日本北海道至九州
树高		花色	白色
卵形落叶灌木、小乔木 2~4米		用途	庭院树、公园树

1	2	3	4	5	6	7	8	9	10	11	12
				花期				果实			

◀花 直径为7~8毫米，先端5深裂，平开，有许多雄蕊凸出。

▼果实 长6~7毫米，成熟的时候变成蓝色，很美。叶长4~8厘米，互生。

紫金牛

茎在土中横向延伸，生长茂盛，有时还能看到丛生的。在《万叶集》中有以山橘之名的诗歌。即使在寒冷的冬天，绿叶和鲜红的果实也不会掉落，因此被认为是吉祥物，与朱砂根（万两）和草珊瑚（千两）相对，又被称为"十两"。和梅花、侧金盏花等一起种植，在日本常被人们用作新年的装饰。

叶形		别名	十两
长椭圆形单叶		分类	报春花（紫金牛）科 紫金牛属
		分布	日本北海道至九州
树高		花色	白色
不规则形常绿小灌木 0.1~0.2米		用途	庭院树、公园树

1	2	3	4	5	6	7	8	9	10	11	12
红叶						花期			果实		红叶

▶花 直径为5~8毫米。长在茎的上部轮生的有光泽的叶子下面，仿佛隐藏起来一样，花朵朝下绽放。

▼果实 直径为5~6毫米的球形果实，成熟后变红，在叶子的下面垂下生长。

无患子

果皮里含有很多皂苷。因为溶于水后经常起泡，能去除污垢，所以曾经被用作肥皂的替代品。除了用作神社和寺院的绿荫树外，因其雄伟的树形也常用作庭院树木。圆圆的果实成熟后呈黄褐色，里面有 1 粒黑色坚硬的种子。种子可用来做板羽球的羽球及念珠。

▲树皮 浅黄褐色。生长的同时树皮裂开，老树的树皮会有剥落现象。

▲花 枝头长有小朵的花，呈穗状花序。

▼黄叶 4~6 对小叶，长 30~70 厘米的偶数羽状复叶。晚秋会变成美丽的黄叶。

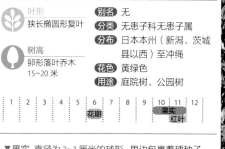

叶形 狭长椭圆形复叶	别名 无
	分类 无患子科无患子属
树高 卵形落叶乔木 15~20 米	分布 日本本州（新潟、茨城县以西）至冲绳
	花色 黄绿色
	用途 庭院树、公园树

1	2	3	4	5	6	7	8	9	10	11	12
					花期				果实 红叶		

▼果实 直径为 2~3 厘米的球形，里边包裹着硬种子。晚秋时果实成熟，果皮呈麦芽糖色是该树的特征。

成熟的果实

观察

黑色的圆形种子直径约为 1 厘米，无光泽且很硬。常做念珠。

具柄冬青

有光泽的、稍硬的叶子随风摇曳，发出轻柔的飒飒声。因为叶子在火上烤一下就会鼓起来，所以又名"膨叶"。雌雄异株，夏天开小白花。雌株的叶腋下，挂着一个接一个光洁的红色果实，很美，是很受欢迎的庭院树。

叶形	别名	膨叶
卵状椭圆形单叶	分类	冬青科冬青属
	分布	日本本州（新潟、茨城县以西）至九州
树高	花色	白色
椭圆形常绿灌木、小乔木 3~10 米	用途	庭院树、公园树

1	2	3	4	5	6	7	8	9	10	11	12
					花期				果实		

大柄冬青

带有亮绿色的叶子，给人柔软的印象。灰白色的薄树皮在摩擦时很容易被剥离，露出鲜艳的绿色树皮，因此又名"青肤"。叶子被用作茶的替代品，有"弘法茶"的别名，秋天叶色变黄。雌雄异株，雄花和雌花都长在叶的根部，很小，不显眼。成熟的红色果实在落叶之后依然留在枝上，十分美丽。

叶形	别名	弘法茶
宽椭圆形至宽卵形单叶	分类	冬青科冬青属
	分布	日本北海道至九州
树高	花色	绿白色
卵形落叶乔木 5~12 米	用途	庭院树、公园树

1	2	3	4	5	6	7	8	9	10	11	12
				花期				果实			
								红叶			

◀雌花 叶腋处长出长柄，开出直径约为 4 毫米的小花。雌花一般一朵接一朵地长。

▼果实 直径约为 8 毫米的球形，长 3~4 厘米的长果柄先端有 1 个果实下垂。

▲树皮 虽然为灰白色，但是稍微剥掉一些树皮后内侧的皮为绿色。

▲叶 长 3~7 厘米。表面和背面都被毛，叶缘有锐利的锯齿，聚集在短枝先端生长。

◀果实 球形，直径约为 7 毫米的核果。数个聚集在一起生长，从绿色转为成熟后的红色。

大叶冬青

长在日本东海地区以西的山地，在寺院中多有种植。在大叶子的背面，有一个尖尖的隆起，如果在叶子上画上图画或文字，该部分就会变黑，即使叶子枯萎了也会留下痕迹。由于这种特性与可以在叶子上写经文的印度棕榈科植物多罗树（团扇椰子）的叶子相似，因此又名为"多罗叶"，别名"书叶树"。

▲树皮 灰褐色，光滑。皮孔小，不明显。

▲花 直径为 5 毫米，多数聚集在叶腋处开花。

▼叶 大而长，长 10~18 厘米。两面均无毛，叶厚，表面有光泽，叶缘有锐利的锯齿。

叶形 椭圆形单叶	**别名** 纹付柴
	分类 冬青科冬青属
树高 卵形常绿乔木 10~20 米	**分布** 日本本州（静冈县以西）至九州
	花色 黄绿色
	用途 庭院树、公园树

1	2	3	4	5	6	7	8	9	10	11	12
				花期					果实		

▼果实 球形，直径约为 8 毫米，在叶腋处聚集结果。虽然花看起来很普通，但是通红的果实十分夺目。

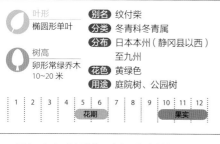

观察
果柄短，果实聚集生长。

野鸦椿

日本叫"权萃"，有一种说法是，因为木材脆弱，所以名字意为"像鳗鲶（权萃的日语与鳗鲶同音）一样没用的树"。另外，由于初春剪枝时树汁会滴下来，所以也有地方称其为"小便树"或"下雨树"。初夏开的花很小很朴素，到了秋天直径约为1厘米的果实会成熟变红，裂开的时候会露出有光泽的黑色种子，非常显眼。

叶形
狭卵形（小叶）
复叶

树高
卵形落叶小乔木
3~8米

别名 酒药花
分类 省沽油科野鸦椿属
分布 日本本州（关东地区以西）至九州
花色 黄绿色
用途 庭院树、公园树

1	2	3	4	5	6	7	8	9	10	11	12
				花期				果实			
										红叶	

▲叶 2~5对小叶，长10~30厘米的奇数羽状复叶，对生。呈深绿色，有光泽。

▼果实 呈鲜艳的红色，半月状的袋果，裂开后露出1~2粒黑色的球形种子。

黄檗

树皮柔软，剥开后内侧呈鲜艳的黄色，所以有这个名字。这种黄色内皮的苦味成分在中药上可做肠胃药等。另外，还可用来制成黄色的染料。奇数羽状复叶，叶对生。雌雄异株，枝头多开略微发绿的奶油色的小花。果实呈球形，从绿色转为成熟后的黑色，落叶后仍留在枝条上。

叶形
卵状长椭圆形（小叶）复叶

树高
卵形落叶乔木
10~15米

别名 宽叶黄肤、关黄柏、黄柏
分类 芸香科黄檗属
分布 日本北海道至九州
花色 黄绿色
用途 庭院树、公园树

1	2	3	4	5	6	7	8	9	10	11	12
				花期				果实			
										红叶	

▲叶 2~6对小叶，长20~40厘米的奇数羽状复叶，对生，揉搓时会有芳香味。

▼果实 直径约为1厘米的圆形核果。初时为绿色，成熟后转为黑色。落叶后即使枯萎了也会留在枝条上。

北枳椇

生长在山野林内。圆圆的小果实成熟后变为紫褐色的时候，果柄就会鼓起来呈棍棒状，变甜时就可以食用。味道和香气与梨相似。虽然不吃果实，但是以前孩子们很喜欢吃掉下来的果柄。也被称为"醒酒果柄"，有解酒和利尿功效。初夏多开浅绿色的 5 瓣小花。

▲树皮 暗灰色，纵向浅裂，呈鳞片状剥落。

▲花 直径约为 7 毫米，在枝头上聚集开花。

▼果柄 从晚秋到冬天连小枝一起掉落。果柄肉质饱满，香味如梨，可生吃。

| | 叶形 宽卵形单叶 |
| | 树高 卵形落叶乔木 10~20 米 |

别名	玄圃梨、拐枣、万寿果
分类	鼠李科枳椇属
分布	日本北海道（奥尻岛）至九州
花色	浅绿色
用途	庭院树、公园树

1	2	3	4	5	6	7	8	9	10	11	12
					花期			果实			

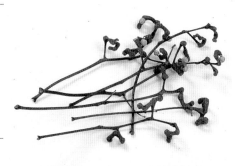

▼果实 直径约为 7 毫米的球形果实，在弯曲和膨胀的果柄的尖端从绿色转为成熟后的黑色。

舟山新木姜子

叶子背面像被吹了粉一样白,所以又名"白新木姜子"。嫩叶被天鹅绒般的黄褐色毛覆盖,不久毛就会脱落,叶子变成深绿色。雌雄异株。在叶腋下聚集开放有黄褐色的小花。在开花后的第二年秋天果实会成熟变红,所以在雌株上可以同时看到秋天开的花和果实。过去人们会从种子中榨油,制成蜡烛。

叶形
长椭圆形、卵状长椭圆形
单叶

树高
卵形常绿乔木
10~15 米

别名 五爪楠、男刃樟
分类 樟科新木姜子属
分布 日本本州(宫城、山形县以南)至冲绳
花色 黄褐色
用途 庭院树、公园树、防风树

1	2	3	4	5	6	7	8	9	10	11	12
									花期		
									果实		

◀花 直径约为5毫米的小花在叶腋处密集开花。叶长 8~18 厘米,聚集生长在枝头。

▼果实 长 1.2~1.5 厘米的椭圆形浆果,第二年秋天转熟,呈艳红色。

槲寄生

不像是一棵树,是寄生在榉树、樱花树等落叶树上吸收养分的常绿灌木。古名为保与和保夜,在《万叶集》和《源氏物语》中都有记载。冬天宿主树的树叶落下时,该树呈十分明显的鸟巢状圆形姿态。常绿,因其冬天也不枯萎,所以人们将该树的生命力视为神圣的,用作欧洲圣诞节的装饰。

叶形
倒披针形至铲形
单叶

树高
圆盖形常绿灌木
0.5~0.8 米

别名 保与、保夜、北寄生
分类 槲寄生科槲寄生属
分布 日本北海道至九州
花色 黄色

1	2	3	4	5	6	7	8	9	10	11	12
	花期										
									果实		

▶果实 圆形浆果,直径为 6~7毫米。秋天到冬天转熟,呈浅黄色,柔软的叶子如螺旋桨飞机上的螺旋桨般对生。

▼树姿 寄生在落叶树上,绿色的树枝分成 2个叉延伸,形成茂密的球形树姿。

米面蓊

该树是生长在低山树林中的半寄生植物，寄生在杉树、铁杉、冷杉等针叶树的根上。因为果实的形状和日本羽子板的羽球一模一样，所以在日本又名"冲羽根"。又有"羽毛树"和"胡鬼果"的别名，可作为年初第一次点茶时使用的茶花。还可以把幼果腌制后做小菜。初夏的时候枝头开浅绿色的小花。

叶形
长卵形至宽披针形单叶

树高
株立形落叶灌木 1~2 米

别名 羽毛树、胡鬼果
分类 檀香科米面蓊属
分布 日本本州（关东地区以西）至九州
花色 浅绿色
用途 庭院树、公园树

1	2	3	4	5	6	7	8	9	10	11	12
				花期					果实		

▲叶 先端呈尾状下垂，叶长而尖，长 3~7 厘米，几乎没有叶柄，对生。

▼果实 长约 1 厘米的椭圆形果实。如先端叶子般长的羽毛部分为苞片。

楮

过去，其树皮被用作纺织品和日本纸的原料。现在，日本和纸的原料则是该树种与构树的杂交种——杂交构树。雌雄异花，春天长出来的嫩枝的上部有雌花，下部有雄花。两者都是球形的，雌花的紫红色花柱很显眼。果实是红色的，成熟后有甜味，虽然口感很粗糙，但还是可以食用的。

叶形
卵形单叶

树高
株立形落叶灌木 2~5 米

别名 小构树
分类 桑科构属
分布 日本本州至九州
花色 紫红色（花柱）
用途 庭院树、公园树

1	2	3	4	5	6	7	8	9	10	11	12
				花期		果实				红叶	

雌花
雄花

▲花 雌花直径约为 5 毫米，球形，花柄短；雄花为直径约 1 厘米的球形，花柄长长垂下。

▼果实 直径为 1~1.5 厘米的圆形集合果，雌雄同株，果实产量大。而杂交构树为雌雄异株，不怎么结果。

山　桑

除了生长在丘陵以下的山地之外，由于叶子是蚕的食物，所以被栽培来喂蚕。春天，在发芽的同时开出没有花瓣的不显眼的花。雌雄异株，鲜有同株，雌花聚集成球状，雄花呈尾状下垂。成熟的黑色果实很甜，可以生吃。根据日本青森县的三内丸山遗迹出土的种子推测，日本绳文时代的人应该也吃过桑树的果实。

叶形
卵形、卵状宽椭圆形单叶

树高
卵形落叶灌木、乔木
3~15 米

 别名 桑树
分类 桑科桑属
分布 日本北海道至九州
花色 浅黄色
用途 庭院树、公园树

1	2	3	4	5	6	7	8	9	10	11	12

花期　果实

▲果实 椭圆形，长 1~1.5 厘米。从红色转为成熟后的紫黑色。长花柱留在枝条上。

▼雄花序 春天伸展的新枝条的每个叶腋处长有 1 个雄花序。呈长 1.5~2 厘米的圆筒形，下垂。

构　树

自古以来其树皮的纤维就被人们作为造纸原料来使用，而栽培的树现已经在山野野生化了。据说在日本平安时代，是用该树的叶子配上歌曲来庆祝七夕祭的。雌雄异株，嫩枝的叶腋处开无花瓣的花。雄花成穗状花序下垂，雌花呈球形聚集开放。圆形的果实成熟后呈橙红色，味甜，可食用。

叶形
卵形单叶

树高
卵形落叶小乔木
4~10 米

 别名 构桃树、构
分类 桑科构属
分布 日本本州（和歌山县、中国地区）至冲绳
花色 浅黄绿色
用途 庭院树、公园树

1	2	3	4	5	6	7	8	9	10	11	12

花期　果实　　　　　红叶

◀树皮 灰白色，有黄褐色的皮孔。

成年树

▼雌花序 直径约为 1 厘米的球形，细长的紫红色毛如花柱般密生。蓬蓬的样子十分夺目。

果实

矮小天仙果

生长在温暖地区的海岸和沿海的山上。在日本叫"犬枇杷"，虽然以枇杷的名字命名，但是为榕属植物，伤到小枝和叶就会流出乳液。叶子尖而有光泽，不会像无花果那样裂开，晚秋变黄后才落叶。雌雄异株，雄株的红色果实坚硬不能食用，而雌株的紫黑色成熟果实可以食用。

叶形 卵状椭圆形单叶

树高 杯形落叶小乔木 3~5米

别名 牛乳榕、牛乳房
分类 桑科榕属
分布 日本本州（关东地区以西）至冲绳
花色 绿色带有白色斑点
用途 庭院树、公园树

1	2	3	4	5	6	7	8	9	10	11	12
			花期						果实	红叶	

▶叶 无毛，有光泽，长8~20厘米。先端急尖，叶缘光滑，互生。

▼花与果实 从夏天到秋天，虽然会结出像无花果般的小果实，但果实里边长满了花。

糙叶树

生长在向阳的丘陵地和树林等地，不过，在人居地附近也种植有该树。叶上有短毛，粗糙，可用作打磨漆器的木料等。在长出叶子的同时开花。雌雄同株，雄花聚集在枝条的下侧，在其上部有1~2朵雌花。圆圆的果实成熟后变成紫黑色，果肉味甜可食。

叶形 长椭圆形单叶

树高 杯形落叶乔木 15~20米

别名 白鸡油、白鸡油树
分类 大麻（榆）科糙叶树属
分布 日本本州（关东地区以西）至冲绳
花色 浅黄褐色
用途 庭院树、公园树、街边树

1	2	3	4	5	6	7	8	9	10	11	12
			花期						果实	红叶	

▲果实 直径约为1厘米的球形。成熟后带有甜味，灰椋鸟喜食。

▼雄花与叶 5片花被片和5枚雄蕊，聚集开花。叶长4~10厘米，有锯齿，叶脉呈羽状。

雄花

朴 树

经常种植在树林、神社寺庙、人居地周边。长成大树后，从远处看也很显眼，所以在日本江户时代，每隔 500 米就种植有一棵朴树。春天，在叶子长出来的同时也会开花。雌雄同株，雄花在新长出来枝条的下部开花，雌花在上部的叶腋处开花。果实转熟后呈红褐色。整体与榉树很像，但果实不一样。

	叶形		别名	无
宽椭圆形单叶		分类	大麻（榆）科朴属
		分布	日本本州至冲绳
	树高		花色	浅黄褐色
杯形落叶乔木 15~20 米		用途	庭院树、公园树

1	2	3	4	5	6	7	8	9	10	11	12
			花期					果实		红叶	

▲叶 两面粗糙，长 4~9 厘米，与糙叶树不同，叶缘基部无锯齿。大紫蛱蝶的幼虫喜食。

▼果实 球形核果，直径约为 6 毫米。从黄色转为成熟后的红褐色，果肉甜，味如干柿子。

观察
花开时好像把枝条都染黄了。

板 栗

果实自古以来就是重要的食物，日本绳文时代的遗迹中出土了很多板栗的果壳，《万叶集》中也有记载。栽培的通常是大粒的栗子，但是山地自然生长的是被称为"锥栗"的小栗子。垂在叶根部的花穗是雄花，基部有 1~2 朵雌花。果实被有刺的壳包住，裂开后栗子会露出来。

	叶形		别名	锥栗
长椭圆形单叶		分类	壳斗科栗属
		分布	日本北海道（西南部）至九州
	树高		花色	浅黄色（雄花）、绿色（雌花）
卵形落叶乔木 15~20 米		用途	庭院树、公园树

1	2	3	4	5	6	7	8	9	10	11	12
					花期			果实			

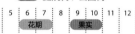

雌花
雄花

▲花 花穗为 10~15 厘米，雄花生长得密密麻麻，有呛人的味道，会招来虫子。基部有雌花。

◀花 直径约为 5 厘米的果壳上长有锋利的刺，成熟后会裂成 4 瓣，中间有 1~3 个坚果。

钝齿水青冈

该树是日本温带落叶林带的代表树木，新叶绿、黄叶美丽，被称为"山王"。因为树皮发白，所以又称"白钝齿水青冈"，因为有3个角的果实与荞麦的果实相似，所以又叫"荞麦栗"。雌雄同株，长出新叶的同时开花。果实被包在果壳里，成熟后会裂开掉在地上，去皮后可直接食用。

▲冬芽 长1~3厘米，披针形。被褐色的芽鳞覆盖。

成年树

▲树皮 灰白色，没有裂纹，树皮光滑。

▼黄叶 叶长4~9厘米。微厚，先端尖，互生。秋天呈黄褐色。

叶形 卵形单叶	**别名** 白钝齿水青冈、荞麦栗
	分类 壳斗科水青冈属
树高 卵形落叶乔木 15~30米	**分布** 日本北海道至九州
	花色 黄绿色
	用途 庭院树、公园树

1	2	3	4	5	6	7	8	9	10	11	12
				花期					果实 红叶		

▼水青冈林 柔软的叶子一发芽，昭示着新绿的季节就要到来。树皮上有苔藓和地衣，形成花纹。

幼果

观察

果实下垂，与日本水青冈不同，它的果柄短，朝上生长。

用树木的果实和叶子做游戏吧

在四季分明的日本，有很多来自大自然的礼物。在路边发现的坚果和树叶，稍加修饰就会变成可爱的玩具。

适合玩过家家的游戏！
穿鞋子的是谁呢？

【山茶花草鞋】

① 在叶柄的一侧，用美工刀沿着叶柄的下半部分的轮廓切出一个切口。

② 然后在上半部分开一个洞，把叶柄插进去，做成一个木屐带。

山茶花
➡ P47

转得更久的获胜！
不知道哪个棋子会转得更好呢？

枹栎
麻栎
➡ P254

【橡子棋】

① 用凿子在橡子的尾部打个洞。

② 把小枝插进凿开的洞里。

利用松果的特点发挥幽默感

黑松
➡ P322

赤松
➡ P323

【松球鸟】

① 用胶水将眼睛贴在闭合的松果上，插上竹签做鸟脖子。

② 然后在鸟脖子上用开口的松果做身体，用竹签做腿。

用弹丸形的橡子和
橡子头变身

日本石栎
➡ P253

【橡子蒸汽机车】

① 用胶水把 4 个橡子头连接起来。

② 将日本石栎的果实放置在上面，用胶水固定，然后给最前面的果实戴上帽子。

用木头、果实和树枝做成的玩偶

【 3 个好闺蜜 】

① 给材料涂上一层漆。

② 在栓皮栎的橡子上涂上胶水，将橡子和枫香的果实粘在一起，形成脸和躯干，再盖上栓皮栎的帽子，做成头发。

③ 用小树枝做手脚。做脚的小树枝上连上日本椆树的果实，做成鞋的样子。

④ 手脚安上枫香的果实，给人偶戴上枯叶制成的帽子。

日本椆树
➡ P342

栓皮栎
➡ P255

枫香
➡ P208

红果映衬着绿色松树的冬日装饰品

【 桃叶珊瑚的果实与松树制成的装饰 】

① 准备松树和小枝，在松树的叶子上插上一个桃叶珊瑚的果实。

② 插上许多桃叶珊瑚的果实，让装饰物看起来颜色更鲜活一些。

桃叶珊瑚　➡ P221
黑松　　　➡ P322

散发出各种松果的味道

【 母子狗狗 】

① 用胶将打开的赤松或黑松的松果连接在一起，制成大狗的头和躯干。

② 装上本岛云杉的松果，制成狗狗的脚。

③ 将杉木的松果制作成小狗的样子。

本岛云杉
➡ P334

黑松
➡ P322

赤松
➡ P323

杉木
➡ P330

用橡子和落叶制作的娃娃

【 橡树制成的十二单玩偶 】

① 用凿子在橡子上钻一个洞，再插入牙签做头。

② 把彩色的柿叶纵向对折。

③ 在人偶的颈部，将几片折叠的叶子重叠在一起，制成领边并调整一下位置。然后用小树枝固定下摆。

袍栎
麻栎
➡ P254

用坚果、叶子、花等围成一圈制成花环。把藤蔓植物作为花环的基础，使用什么材料由你来挑选，试着从收集材料的过程中享受制作的乐趣吧。

用各种枝叶制作内容丰富的花环

【圣诞花环】

❶ 将五叶木通、多花紫藤、南蛇藤等的藤蔓捆绑在一起，制成直径约为25厘米的环，作为花环框。

❷ 将针叶树的树枝分颜色束起来。

❸ 将捆扎好的针叶树的树枝放在花环上，重叠起来，用钢丝固定住。诀窍是让叶束稍微倒向内侧，同时将叶子叠在一起。

❹ 用松果和菠萝等的果实装点色彩，然后就大功告成了。

可装饰厨房的带香味的花环

【草本花环】

❶ 将五叶木通或南蛇藤的藤蔓捆绑成一个环，用钢丝固定，制成花环框。

❷ 将各种材料插入花环框，用钢丝固定就可以了。可以配上月桂、蒜、辣椒等（上）和北美香柏（下）。

用像天然的绳子一样的结实藤蔓编织

【五叶木通笼子】

❶ 收集藤蔓后要放置20天，等待其晒干。

❷ 用温水浸泡，使藤蔓变软，一边缠绕一边从底部编织。

❸ 最后，加上笼子的手柄。

用紫葛的藤蔓也能制作。

红叶美丽的树木

一整年看上去绿意盎然的常青树，其实也有新旧交替的现象，叶子一般会渐渐掉落，而不是齐齐落下。为如锦、如绫的秋天山野增添色彩的是红叶、漆树类植物，而银杏等则为街道点缀了一抹金黄。下面介绍的是一些带有彩色叶子的树木。

鸡爪槭

该树是日本槭树的代表，呈掌状的叶子看上去很像枫树。因为在日本，人们会用伊吕波歌给叶子的裂片数数，因此在日本又名"伊吕波红叶"。另外，又因为日本京都的高尾山是观赏枫叶的名胜之地，所以也被称为"高尾枫树"。鸡爪槭的红叶自不必说，新绿之美也别有一番风味。枝头垂着1朵暗紫色的小花，花后结出螺旋桨形的果实。

叶

▲果实 2个翅展开是该树果实的特征，翅基本上平行展开。

▲新芽 蛇腹状折叠弯曲的叶子展开。

▼花 1个花序上混有雄花和两性花，下垂。花瓣和萼片各有5片，直径约为5毫米。

叶形
圆形单叶

树高
不规则形落叶乔木
10~15米

别名	鸡爪枫、日本槭
分类	无患子（槭树）科槭属
分布	日本本州（福岛县以南）至九州
花色	暗紫色（萼片）
用途	庭院树、公园树、行道树、盆栽

1	2	3	4	5	6	7	8	9	10	11	12
			花期			果实			红叶		

▼红叶 "赏红叶"是与春天赏花齐名的活动。

观 察
掌状，5~7裂，叶柄两侧的裂片特别小。叶缘有粗锯齿。

三角槭

因为在江户时代从中国传入日本，所以又名"唐枫"。植株强健，生长快，有光泽的叶子会变成漂亮的红色或黄色，所以多用作行道树等。枝头开浅黄色的小花，同一个花序中混开有雄花和两性花。在小枝头上挂有带2个翅的果实。翅展开的角度窄，不怎么张开。

▲ 树皮 灰褐色。与日本的槭树不同，长大后的树木树皮会有剥落现象。

▲ 叶 长 4~8 厘米，先端 3 浅裂。

▼ 叶 带斑叶的园艺品种，嫩叶呈混有粉色的黄白色，夏天为黄绿色，秋天变成红叶。

叶形
倒卵形单叶

树高
不规则形落叶乔木
10~20 米

别名 唐枫
分类 无患子（槭树）科槭属
分布 原产于中国
花色 浅黄色
用途 庭院树、公园树、行道树、盆栽

1	2	3	4	5	6	7	8	9	10	11	12
			花期						果实	红叶	

▼红叶 是行道树中常见的槭树类植物，红叶、黄叶都很美丽。

花散里

果实

观察

长约 2 厘米的翅果。翅膀大，但是不张开。

277

乌 柏

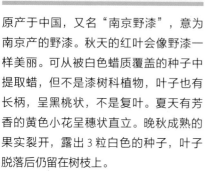

原产于中国，又名"南京野漆"，意为南京产的野漆。秋天的红叶会像野漆一样美丽。可从被白色蜡质覆盖的种子中提取蜡，但不是漆树科植物，叶子也有长柄，呈黑桃状，不是复叶。夏天有芳香的黄色小花呈穗状直立。晚秋成熟的果实裂开，露出3粒白色的种子，叶子脱落后仍留在树枝上。

叶形
菱形状卵形单叶

树高
椭圆形落叶乔木
15 米

别名 无
分类 大戟科乌柏属
分布 原产于中国
花色 黄色
用途 庭院树、公园树、行道树

1	2	3	4	5	6	7	8	9	10	11	12
					花期				果实 红叶		

▼红叶 在温暖地区，常用作行道树，呈红、黄、绿、紫红色，色彩丰富，秋天的红叶十分美丽。

◀树皮 灰褐色，初时光滑，后不规则地纵向撕裂。

成年树

▼花 花穗长 6~12 厘米。上部为雄花，基部开雌花。

雄花

雌花

▲果实 直径约为 1.5 厘米的蒴果，裂开后黑褐色的果皮脱落，留下被白色蜡质包裹的种子。

变红的叶子

观 察

叶长 3.5~7 厘米，先端呈尾状，尖锐无毛，有长柄。

连香树

该树是日本的特有种，生长在溪流沿岸等潮湿的地方，是生长较快的树木，被用作行道树等。心形的叶子从春天发芽到秋天变黄都能欣赏到。没有花瓣、花萼的小花在叶子长出来之前就开花了。果实呈圆柱形，成熟时裂成两半。细枝下垂形如假发的是枝垂连香树。

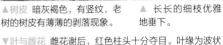
成年树 枝垂连香树

▲树皮 暗灰褐色，有竖纹，老树的树皮有薄薄的剥落现象。

▲ 长长的细枝优雅地垂下。

▼叶与雌花 雌花谢后，红色柱头十分夺目。叶缘为波状且有锯齿的叶子会变大。

叶形		别名	雄桂、香树
宽卵形单叶		分类	连香树科连香树属
		分布	日本北海道至九州
树高		花色	紫红色（雄花花药）
伞形落叶乔木 20~30米		用途	庭院树、公园树、行道树

1	2	3	4	5	6	7	8	9	10	11	12
		花期							果实 红叶		

▼黄叶 染成黄色的叶子带有甜香味，可用作末香，因此又名"香树"。

果皮

观察

初春时期，即使红色的冬芽长出，枯萎的果皮仍留在树枝上。

银 杏

该树是起源古老的植物，有"活化石"之称。有一种说法是：因为叶子很像带蹼的鸭脚，所以日语名是从汉语中的鸭腿谐音过来的。在长出叶子的同时，开出不起眼的花。雌雄异株，雄花呈短穗状，散发黄色花粉。雌花是绿色的，长柄的顶端有2朵，结银杏果。

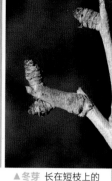

成年树

▲树皮 灰白色。软木层发达，树皮纵向粗裂。

▲冬芽 长在短枝上的半球形顶芽。

▼果实 球形，成熟后外种皮变黄发臭，中间白色的硬物为银杏果。

	叶形		别名	公孙树、鸭脚树
	扇形单叶		分类	银杏科银杏属
			分布	原产于中国
	树高		花色	浅黄色（雄花）
	伞形落叶乔木 30~45米		用途	庭院树、公园树、行道树

1	2	3	4	5	6	7	8	9	10	11	12
			花期						果实	红叶	

▼黄叶 作为行道树很受欢迎，秋天黄叶的姿态很美。叶子有长柄，呈扇形，中间有缺口。

雌花

观 察

短枝成束地生长。2个胚珠之间一般有1个会成熟。

山红叶

常见于日本海一侧的多雪山地的槭树品种，和鸡爪槭一样有着美丽的红叶，也被种植在庭院和公园里。有许多园艺品种。叶子呈掌状延展，比鸡爪槭的叶子还要大一圈。雌雄同株，雄花和两性花在同一个花序上混杂开放。两性花在花后会略微下垂，长出翅果。

◀冬芽 被红色的芽鳞包裹的2个假顶芽排列在枝头。

▼新叶与花 在一片新绿中开出小朵红花。

叶形		
圆形单叶	别名	无
	分类	无患子（槭树）科槭属
树高	分布	日本北海道至本州（主要在青森至岛根县靠日本海一侧）
不规则形 5~10米	花色	暗紫色（萼片）
	用途	庭院树、公园树、盆栽

1	2	3	4	5	6	7	8	9	10	11	12
			花期		果实				红叶		

▼红叶 在变红的中途为橙色，但是之后变为红色。也有的变黄。

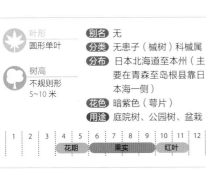

果实

观察

2个翅扩展，翅展开角度接近水平。

▼叶 直径为5~10厘米。掌状，5~9深裂，裂片的先端呈尾状，尖，叶缘有参差不齐的锯齿。

大红叶

别名：宽叶红叶

与鸡爪槭和山红叶一同被认为是红叶树中最美的树种。比鸡爪槭的叶子要大一圈的叶子的边缘有着整齐的细小锯齿。

叶形 圆形单叶 **树高** 落叶乔木 10~15 米
分类 无患子（槭树）科 **分布** 日本北海道至九州
花色 浅黄色 **花期** 4~5 月
果期 6~9 月 **红叶** 10~11 月

色木槭

黄叶的代表性槭树。与呈掌状展开的槭树叶不同，它的叶子呈五角形，边缘没有锯齿是该树的特征。春天会开很多小花。

叶形 扁圆形单叶 **树高** 落叶乔木 15~20 米
分类 无患子（槭树）科 **分布** 日本本州至九州
花色 黄绿色 **花期** 4~5 月
果期 9~10 月 **红叶** 10~11 月

梶 枫

别名：鬼红叶

大叶子和果实上有刚毛，所以也叫"鬼红叶"。叶子一般为掌状，5 裂，近似五角形，叶缘有粗大的锯齿。

叶形 扁圆心形单叶 **树高** 落叶乔木 10~15 米
分类 无患子（槭树）科 **分布** 日本本州（宫城县以南）至九州 **花色** 暗红色 **花期** 4~5 月
果期 10 月 **红叶** 10~11 月

糖 槭

叶子一般为掌状，5 裂，五角形，被描绘在加拿大的国旗上。此外，该树的汁液因可制成枫糖浆而闻名。

叶形 宽卵状圆形单叶 **树高** 落叶乔木 30~40 米
分类 无患子（槭树）科 **分布** 原产于北美洲东部 **花色** 黄绿色 **花期** 4~5 月
果期 5~6 月 **红叶** 10~11 月

羽扇槭

因把该树的大叶比作日本传说中的天狗的羽扇而得名。秋天，叶子从黄色变成鲜艳的红色。春天胭脂红色的花朵垂下绽放。

叶形 圆心形单叶　树高 落叶乔木　5~10 米
分类 无患子（槭树）科　分布 日本北海道至本州
花色 紫红色　花期 4~5 月
果期 7~9 月　红叶 10~11 月

小羽扇槭

与羽扇槭相似，因其叶子比羽扇槭的叶子要小两圈而得名。初夏聚集有浅黄色的小花，垂下绽放。

叶形 圆心形单叶　树高 落叶乔木　10~15 米
分类 无患子（槭树）科　分布 日本本州至九州
花色 浅黄色　花期 5~6 月
果期 6~9 月　红叶 10~11 月

茶条槭

叶子多，3 浅裂，呈椭圆形，而非掌状槭树叶状。初夏，小花呈圆锥花序集中盛开。

叶形 卵状椭圆形至三角状卵形单叶
树高 落叶小乔木　5~8 米　分类 无患子（槭树）科
分布 日本北海道至九州　花色 浅黄绿色
花期 5~6 月　果期 8~10 月　红叶 9~11 月

三手枫

因红叶的长叶柄上长有 3 片小叶的复叶而得名。花呈 4~15 厘米长的穗状花序，垂下绽放，小果实呈总状分布，长如铃铛般。

叶形 卵状椭圆形复叶（小叶）　树高 落叶乔木
8~10 米　分类 无患子（槭树）科　分布 日本北海道至九州　花色 浅黄绿色　花期 4~5 月
果期 7~10 月　红叶 10~11 月

花楸树

因为在叶子长出来之前，树枝上开满了红色的小花，所以得此名。不仅是花，秋天的红叶也很美，所以被用作庭院树和行道树。花一谢，就会长出 3 裂的叶子，秋天会变成黄、橙、红色。与秋天成熟的其他楸树不同，它的翅果在 5 月成熟。还有与之非常相似的植物，如美国花楸树。

叶形	宽卵形单叶

树高	卵形落叶乔木 20~25 米

别名	花枫
分类	无患子（楸树）科楸属
分布	日本本州（长野、爱知、岐阜县）
花色	红色
用途	庭院树、公园树、行道树

1	2	3	4	5	6	7	8	9	10	11	12
			花期果实							红叶	

▲雌花 雌雄异株。雄花和雌花都是红色的，4~10 朵成束开花。雌花开放时红柄下垂。

▼红叶 叶子长 4~10 厘米，上半部 3 浅裂，对生。新叶也带红色。秋天的红叶十分美丽。

毛果楸

自古以来人们将它的树皮、树叶煎煮后用于洗眼，故又叫"眼药树"。青年树的枝叶上有灰白色的长毛，让人联想到长者的风貌，所以也叫"长者树"。在长出叶子的同时，小花垂下绽放。作为楸属植物，在秋天叶子会变成美丽的红叶，但叶子不是枫叶形状的，而是由 3 片小叶组成的。

叶形	椭圆形复叶（小叶）

树高	不规则形落叶乔木 10~15 米

别名	长者树
分类	无患子（楸树）科楸属
分布	日本本州（宫城、山形县以南）至九州
花色	浅黄色
用途	庭院树、公园树

1	2	3	4	5	6	7	8	9	10	11	12
					花期		果实			红叶	

▲果实 长 4~5 厘米的大翅果，果皮厚，黄褐色的软毛密生。

▼红叶 叶子独特，从带粉色的红色转变成纯红叶，是以 3 片为一组的三出复叶。

红脉槭

青年树有着光滑的暗绿色树皮，黑色竖纹。因其花纹与香瓜的果皮相似，故又名"瓜皮槭"。稍厚的五角形叶片很大，秋天变成红色或黄色的时候非常华丽。枝头有10~15 朵小花，呈穗状下垂。多个翅果连在一起，2 个翅几乎呈直角展开。

幼树

▲树皮 有黑色竖纹的光滑的暗绿色树皮。老树的树皮的绿色会变得浅一些。

▲雄花 5 片花瓣，长出叶子的同时开花。

▼叶 长 10~15 厘米，3~5 浅裂，裂片的先端尖锐，叶缘具不规则的锯齿。

叶形
扇状五角形
单叶

树高
卵形落叶乔木
8~10 米

别名	瓜皮槭、瓜木
分类	无患子（槭树）科槭属
分布	日本本州至九州
花色	浅绿至浅黄色
用途	庭院树、公园树

1	2	3	4	5	6	7	8	9	10	11	12
				花期				果实			
								红叶			

▼红叶 根据个体不同，有变成红叶或变成黄叶的情况，无论是哪种都很美。

果实

观察

翅果长 2.5~3 厘米。在叶下呈长穗垂下。

峰 枫

山脊附近多见，故名字中带"峰"。较宽的叶子呈掌状，5~7裂，秋天叶子变黄。夏天开花。

叶形 卵状圆形单叶　**树高** 落叶小乔木　8~10米
分类 无患子（槭树）科　**分布** 日本北海道至本州（静冈、岐阜、福井县以北）　**花色** 浅黄色
花期 6~7月　**果期** 8~10月　**红叶** 10月

山楂叶枫

叶子和果实都小，带有奢华感的槭树。绿色的树皮带有黑筋，与香瓜相似而得此名"瓜枫"。枝头垂下绽放美丽的花朵。

叶形 卵形单叶　**树高** 落叶小乔木　6~8米
分类 无患子（槭树）科　**分布** 日本本州（福岛县以南）至九州　**花色** 浅黄色　**花期** 4~5月
果期 6~10月　**红叶** 10~12月

鹅耳枥叶槭

叶子和桦木科的日本鹅耳枥等的叶子一模一样，但先端尖，呈尾状，对生，所以可以以此区别开来。变成褐色的叶子即使过年也会留在树枝上。

叶形 卵状长椭圆形单叶　**树高** 落叶小乔木　8~10米
分类 无患子（槭树）科　**分布** 日本本州（岩手县以南）至九州　**花色** 浅黄色　**花期** 5月
果期 8~10月　**红叶** 11月~第二年2月

花楷槭

因为穗状花序直立生长，所以又名"穗开枫"。槭属植物中花朵呈穗状花序的只有该树。叶呈掌状，5~7裂。

叶形 卵状圆形单叶　**树高** 落叶小乔木　3~10米
分类 无患子（槭树）科　**分布** 日本北海道至本州（纪伊半岛以北）、中国　**花色** 黄绿色　**花期** 6~8月　**果期** 9~10月　**红叶** 11月~第二年2月

盐肤木

别名：白胶木

枝头上，柔软的小花块呈圆锥花序，十分夺目。叶子为奇数羽状复叶，叶轴的两侧有菱形翅是该植物的特征。

叶形 长椭圆形（小叶）复叶 **树高** 落叶小乔木 5~10 米 **分类** 漆树科 **分布** 日本北海道至冲绳 **花色** 白色 **花期** 8~9月 **果期** 10~11月 **红叶** 10~11月

木蜡树

别名：七月倍

叶为长有 9~15 片小叶的羽状复叶，密生有细毛，秋天叶子变得通红。初夏，叶腋处开有许多小花，呈圆锥花序。

叶形 卵状长椭圆形（小叶）复叶 **树高** 落叶小乔木 5~8 米 **分类** 漆树科 **分布** 日本本州（关东地区以西）至冲绳 **花色** 黄绿色 **花期** 5~6月 **果期** 10~11月 **红叶** 11~12月

野　漆

别名：黄栌、琉球栌

因为可以从果实中取蜡而被人们栽培，所以又叫"蜡树"。和木蜡树有些相像，但是该树的叶子和叶柄无毛，可以以此区别开来。会引起人的皮肤红肿，所以小心不要触碰到。

叶形 宽披针形至狭长椭圆形（小叶）复叶 **树高** 落叶乔木 7~10 米 **分类** 漆树科 **分布** 日本本州（关东地区南部以西）至冲绳 **花色** 黄绿色 **花期** 5~6月 **果期** 9~10月 **红叶** 11~12月

毛漆树

在山上该树的叶子最先变红。触碰后会造成皮肤红肿，所以要小心。叶子为奇数羽状复叶，密生有软毛。果实上也有毛。

叶形 卵形、椭圆形（小叶）复叶 **树高** 落叶灌木 3~8 米 **分类** 漆树科 **分布** 日本北海道至九州 **花色** 黄绿色 **花期** 5~6月 **果期** 9~10月 **红叶** 9~10月

从播种到栽培，制作小盆栽

就像花草一样，只要播下种子，树木就会生长发芽。但比起花草，树木要花更长的时间来发芽，所以出芽时会让栽培的人特别感动。在花盆中建造自己的小树林，可以体验到各种各样的乐趣。

槭树发芽

赤松发芽

银杏发芽

小盆栽

从种子开始培养，或在山野间寻找小树并将其种植在盆里，就可以打造出治愈身心的小盆栽。

与盆花不同的小树盆栽。试着在收集到树的种子之后，
将种子种到盆栽里，感受看到种子发芽的乐趣。

简单制作的小树林

【赤松】

将松果放入盆栽里，等待其发芽，就这么栽培，之后会诞生纤细的松林。

➡ P323

时尚盆栽
用日常用品打造

【麻栎】

小茶壶的盖子要是不小心摔碎了，就将橡子种到茶壶里面吧。废弃物品大翻身，成为时尚的盆栽。

➡ P254

在小盆栽中栽培板种，
重要的是要防干燥

南天竹

在多肉植物盆栽里播种培育1年的南天竹。多肉植物可以防止植株基部干燥。

➡ P242

即使小，也能呈现
出树姿的特征

【无患子】

播种的头一年，直立又纯朴的树姿会让人联想到观叶植物。

➡ P261

虽然简单，
却能触碰到四季应时的自然，
养一盆小树享受其中吧。

欣赏苔藓和花朵
的时尚盆栽

➡ P164

【泽八仙花的苔球】

❶ 将吸水后的泥炭藓展开，呈圆形，放上土，
再放上除去根土的泽八仙花。

❷ 用泥炭藓包住泽八仙花的根部，然后用
棉线横竖捆住。

❸ 把苔藓贴在周围，用棉线捆上。

盆栽中的森林
亲身感受自然

➡ P106

【腺齿越橘】

春天的萌芽、夏天的绿叶、晚
夏的红叶、冬天的落叶等，四
季之美都可在这个小盆栽中欣
赏到。

即使没有花
春天的树芽也格外美丽

【蜡梅】

➡ P209

舒缓地伸展着长出新芽的细树干，
树姿展现出的流线十分有魅力。

朴素的搭配
却充满了风情

【珍珠绣线菊】

➡ P55

❶ 在抗火石上钻一个种植孔，放入种植用土。

❷ 种上珍珠绣线菊，表面铺上苔藓。

藤本植物与
竹类植物

在山林等地自生的树木，熟悉阳光照射的方向并知道何处为阴凉地，能很好地保持平衡生长，形成一处风景。但仔细一看，也会发现有叶子不同的藤本植物缠绕在一起，然后开花结果。接下来介绍的是一些喜缠绕于其他植物上的藤本植物及种植在庭院等地的常见竹类植物。

贯月忍冬

因位于花朵正下方的 2 片叶子基部粘在一起，花茎似乎穿透其中而得此名。枝头有很多细长的红色筒状花。有许多园艺品种，花色各异，如橙色、奶油色等。花蜜多，还有"Honey suckle（蜜饯）"的英文名。可使之缠绕在花格架和栅栏等物，作为绿篱用。

蜜饯

▲叶 花下的叶子合在一起，看起来像是 1 片，其他的叶子对生。

▲花 名为"蜜饯"的园艺品种。

▼花 形状如乐器里的小号，长 3~4 厘米。外为橙红色，内为黄色，雄蕊和雌蕊凸出。

叶形
长椭圆形单叶

树高
蔓形落叶乔木
10~15 米

别名	冲孔忍冬、蜜饯
分类	忍冬科忍冬属
分布	原产于北美洲东部、南部
花色	赤红色
用途	庭院树、公园树

1	2	3	4	5	6	7	8	9	10	11	12
				花期							
								果实			

▼树姿 分枝繁多，可用作绿篱，具有观赏性。虽然没有香气，但是能长时间开花。

观 察
花朵的先端 5 浅裂，裂片不会翘起来。

凌 霄

日本平安时代就已经有栽培了。从枝干中长出被称为气生根的根，吸附并在其他植物上攀缘。在盛暑时期，在长长垂下的枝头上，喇叭形的花一个接一个地横着开放，很是热闹。近亲种中，也有花很小的品种，叫"厚萼凌霄"。

叶形 卵形（小叶）复叶	别名 小号花
	分类 紫葳科凌霄属
	分布 原产于中国
	花色 橙红色
树高 蔓形落叶木质藤本	用途 庭院树、公园树

1	2	3	4	5	6	7	8	9	10	11	12
						花期					

姬凌霄

花和叶都很小，就像是小号的凌霄，因而得此名。高约 2 米，枝头有细长的筒状花集中盛开。花为橙红色。花筒稍弯曲，尖端张开，长雄蕊和雌蕊向花外凸出。虽然主要以盆栽的形式上市，但如果是温暖的无霜地带，也可以在庭院里种植。

叶形 宽卵形至卵圆形（小叶）复叶	别名 硬骨凌霄
	分类 紫葳科硬骨凌霄属
	分布 原产于南非
	花色 橙红、绯红、黄色
树高 蔓形常绿披散灌木 1.5~2.5 米	用途 庭院树、公园树

1	2	3	4	5	6	7	8	9	10	11	12
					花期						
									果实		

厚萼凌霄

◀花 厚萼凌霄的花筒长，先端大小与凌霄花差不多，但是先端开花不那么大。

▼花 直径约为 6 厘米的漏斗形，先端 5 裂，平开。在日本难结果。

▲叶 先端尖，小叶有 5~9 片，为奇数羽状复叶，长约 10 厘米。对生。

◀花 细而弯曲，漏斗形，花筒长约 3 厘米。长雌蕊和 4 枚雄蕊凸出。

号角藤

生长旺盛，长出约 10 厘米的卷须，缠绕在其他物体上，尖端变成吸盘状的吸附根，可以一边吸附平坦的墙面等一边攀爬。喇叭形的吊钟状花开满藤蔓。花外侧为橙褐色，内侧为黄色，先端 5 裂。因为有像咖喱一样的香味，所以也叫"咖喱藤蔓"。

叶形
长椭圆形（小叶）复叶

树高
蔓形常绿木质藤本 7~10 米

别名	吊钟藤、美隆藤
分类	紫葳科号角藤属
分布	原产于北美洲南部
花色	橙褐色
用途	庭院树、墙面绿化、公园树

1	2	3	4	5	6	7	8	9	10	11	12
			花期			果实					

◀叶 长 10 厘米的小叶有 3 片，虽然是复叶，但是顶小叶呈缘状，只能看到 2 片。

▼花 是稍微向下弯曲的圆筒形，长约 5 厘米，先端 5 裂，整体覆盖着细小的毛。

素馨叶白英

在大正时期传入日本。不过，切花和庭园栽种是最近才开始的。细枝头上 5 裂的星形花成串生长，朝下开。刚开的时候带着浅浅的紫色，后逐渐变白。就像它的一个名字"土豆藤蔓"一样，是一种类似土豆花的花。市面上也有开着紫蓝色的花、叶子呈紫黑色的品种。

叶形
椭圆状披针形单叶

树高
蔓形常绿木质藤本 5~6 米

别名	蔓花茄子、土豆藤蔓
分类	茄科茄属
分布	原产于巴西
花色	浅紫至白色
用途	庭院树、绿篱

1	2	3	4	5	6	7	8	9	10	11	12
						花期					

▶叶 略有光泽，叶缘平滑。有时候基部会 2~5 深裂。

▼花 刚开的时候为浅紫色，之后渐变成白色，看起来就像是开了双色花般。

金钩吻

原产于美国南卡罗莱纳州附近，因而又名"卡罗莱纳素馨"，不过与开白花的木犀科真正的素馨是不同科的植物。鲜艳的黄花，呈小号状，开花时先端 5 裂。傍晚香气浓烈。因为是有毒植物，所以要小心不要误食。

叶形	别名	黄花茉莉
倒卵形单叶	分类	钩吻科钩吻属
	分布	原产于北美洲
树高	花色	黄色
蔓形常绿木质藤本 6~7 米	用途	庭院树、绿篱、公园树

1	2	3	4	5	6	7	8	9	10	11	12
果实			花期				果实				

◀叶 长约 5 厘米，叶缘平滑。厚、有光泽的深绿色叶子对生。

▼树姿 细藤蔓攀缘伸展，缠绕在篱笆、花格架上长成大株，会开出许多花。

多花素馨

开出清香、动人的花朵，为素馨属植物，羽毛状的叶形被比作天女的羽衣，所以又名"羽衣素馨"。在日本东京以西地区，人们可以通过墙壁和栅栏等将多花素馨引到户外。枝头聚集有 30~40 朵带有浅红色的花蕾，随着花的开放花色变成纯白色，被甜甜的香气所包围。

叶形	别名	无
卵圆形（小叶）复叶	分类	木犀科素馨属
	分布	原产于中国
树高	花色	白色
蔓形常绿木质藤本 2~3 米	用途	庭院树、绿篱、公园树

1	2	3	4	5	6	7	8	9	10	11	12
果实			花期							果实	

▶叶 先端尖，有5~7片小叶，奇数羽状复叶，对生。也有黄金叶的品种。

▼树姿 树枝攀缘延伸，生长茂盛。花朵为筒状，先端5深裂，散发出诱人的香气。

西番莲

可以把花看作钟表的表盘，把雄蕊和雌蕊看作指针，所以又名"时钟草"。细线般的副花冠呈放射状排列，具有异国情调的花形十分受人欢迎。其中有开猩红色花的红花西番莲，还有名为百香果、果实可生食或制成果汁的水果西番莲等品种。

水果西番莲

水果西番莲

▲果实 果实的颜色有紫色和黄色，带有果香。

▲花 有副花冠呈波浪状的特征。

▼花 开出猩红色花朵的红花西番莲，长椭圆形的叶子没有刻痕。

叶形 掌状单叶	别名 巴西果、藤桃
	分类 西番莲科西番莲属
树高 蔓形常绿木质藤本 4~5米	分布 原产于北美洲南部
	花色 白至紫色
	用途 庭院树、公园树

1	2	3	4	5	6	7	8	9	10	11	12
					花期						
						果实					

▼树姿 叶呈掌状，5深裂。卷须延伸，紧紧依附在其他物体上繁茂生长。

红花西番莲

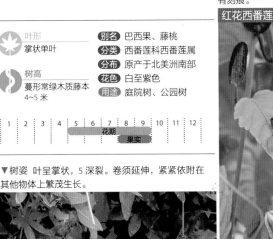

观察

花的直径为10厘米。花瓣和萼片同形同色，各有15片。

萼片

花瓣

副花冠丝状体

常春藤

也被称为"英国常春藤"，是原产于欧洲的常春藤。它从树枝的每一个节中长出气生根，吸附在他物上生长。原产于加那利群岛的加那利常春藤等品种的叶的形状、大小、颜色、斑纹各有不同，种类丰富。它可以在栅栏和建筑物的墙面上攀缘，也常被种植在坡面和绿化带等处，起到绿化和装饰作用。

	叶形		别名	洋常春藤、英国常春藤
	菱状卵形至卵状披针形单叶		分类	五加科常春藤属
	树高		分布	原产于北非、欧洲、亚洲
	蔓形常绿木质藤本10~30米		花色	浅绿色
			用途	地被植物、公园树

1	2	3	4	5	6	7	8	9	10	11	12

果实（5~6月）　花期（8~11月）

加那利常春藤

▲叶 叶长 15~20 厘米的大型品种，也叫凤尾常春藤。冬天天气寒冷的时候叶子带茶褐色。

▼叶 长约 10 厘米，3~5 裂。有许多园艺品种。

南蛇藤

因叶腋处群生的红色果实，将其比作落霜红，所以又名"蔓落霜红"。但是它是与落霜红没有关系的卫矛科植物。枝条呈藤蔓状，在其他的树木上伸展缠绕。初夏的时候开花，开普通的 5 瓣花，所以并不明显。圆形的果实成熟后变为黄色，3 裂，从中露出被红黄色皮包裹的种子，十分夺目。

	叶形		别名	无
	椭圆形、倒卵形单叶		分类	卫矛科南蛇藤属
	树高		分布	日本北海道至冲绳
	蔓形落叶木质藤本8~10米		花色	黄绿色
			用途	庭院树、公园树、盆栽

1	2	3	4	5	6	7	8	9	10	11	12

花期（5~7月）　果实、红叶（10~12月）

▶雌花 雌雄异株，直径为 6~8 毫米。有 1 枚雌蕊和退化的雄蕊。

▼果实 直径为 7~8 毫米的球形蒴果。落叶后也仍然留在枝条上，在晚秋至冬天十分夺目。

紫哈登柏豆

该树是从澳大利亚传入日本的品种，在昭和50年代末期开始上市。豆科特有的蝶形花开满了植株的一侧。在东京以西的温暖地区，还可以观赏到用格栅或围栏栽种的紫哈登柏豆。叶子有光泽、光滑。豆科植物多为复叶，但该树为单叶，也叫"一叶豆"。

叶形
披针形单叶

树高
蔓形常绿木质藤本
0.5~3米

别名 小町藤、一叶豆
分类 豆科哈登柏豆属
分布 原产于澳大利亚东部、塔斯马尼亚州
花色 粉、蓝、紫、白色
用途 庭院树、地被植物

1	2	3	4	5	6	7	8	9	10	11	12
		花期									

▲花 长10~13厘米的花房上有许多直径约为1厘米的小型蝶形花，接连绽放。

▼树姿 枝条呈藤蔓状延伸，自力更生，不依附其他物体生长，所以不需要引诱该植物到其他物体上。

蔓蔷薇

特征是将枝条伸展并缠绕在其他树木上，向上延伸以寻找阳光，也被称为"攀缘玫瑰"。利用其特性，可让其在高高的栅栏、蔓藤架和建筑物的墙面上攀缘开花。花朵从小朵到大朵，花色丰富，还有很多品种有香味。

叶形
椭圆形、倒卵形（小叶）复叶

树高
蔓形半常绿或落叶木质藤本

别名 攀缘玫瑰
分类 蔷薇科蔷薇属
分布 亚洲、欧洲、北美洲、非洲的一部分地区
花色 白、红、粉、橙、黄、紫、茶、复色
用途 庭院树、公园树、绿篱

1	2	3	4	5	6	7	8	9	10	11	12
					花期						
								果实			

▲树姿 有在二年生枝上开花的特性，藤蔓直直伸展，为墙面做装饰。

▼花 要让花朵在高位开放，宜选用朝下开花的品种。

西班牙美人

金樱子

原产于中国，江户时代传入日本，在关西、四国、九州也有野生化的植株。传到日本时，是由大阪的花匠普及了这个名字，在日本又叫"难波蔷薇"。藤蔓上有刺，呈钩状，尖而硬，触碰后会受伤，是一种不像是栽培种的野生玫瑰。纯白色的大花是单瓣的 5 瓣花，也有红色的花，叫作"鸠谷蔷薇"。

叶形
椭圆形（小叶）复叶

树高
蔓形常绿木质藤本
2~3 米

别名	无
分类	蔷薇科蔷薇属
分布	原产于中国
花色	白、浅红色
用途	庭院树、绿篱

1	2	3	4	5	6	7	8	9	10	11	12
				花期			果实				

鸠谷蔷薇

▲花 开出罕见的浅红色花朵，叫作"鸠谷蔷薇"。

▼花与叶 叶子是有 3 片光泽小叶的复叶。花的直径为 5~7 厘米，有香味。

日本野木瓜

叶子有光泽，掌状叶。青年树中有 3~5 片小叶，不久也会出现 7 片，被认为是按照七五三顺序生长的叶子，与日本的"七五三"（庆祝孩子茁壮成长的节日）相通，所以在日本为吉祥植物。常绿，果实像五叶木通的果实，所以也叫"常叶通草"，但和五叶木通不一样的是，果实熟了也不开口。几朵花向下开。看起来像花瓣的是萼片。

叶形
椭圆形（小叶）复叶

树高
蔓形常绿木质藤本
3 米以上

别名	常叶通草、郁子
分类	木通科野木瓜属
分布	日本本州（关东地区南部以西）至冲绳
花色	浅黄白色
用途	庭院树、绿篱、盆栽

1	2	3	4	5	6	7	8	9	10	11	12
				花期			果实				

▲花 无花瓣，有 6 片花瓣状的萼片，内侧有浅紫红色的筋。

▼果实 长 5~8 厘米的卵圆形，即使成熟后呈紫色时也不会裂开。与五叶木通一样可以生吃。

铁线莲

名字源自希腊语中的"藤蔓（Clematis）"，多数是叶柄缠绕在藤蔓上开花。看起来像花瓣的是萼片，按偶数 4、6、8 片来生长，也有数量较多的重瓣花品种。通常所说的铁线莲为日本产的"转子莲"和中国产的"铁线莲"及西洋的品种进行杂交后培育出来的铁线莲品种。花形也丰富多彩。

▲叶 叶多，为长有 3 片小叶的复叶，但是也有二回三出复叶等类型。

观　察

为藤本植物，但是藤蔓并不会卷绕，而是叶柄在支柱上缠绕。

叶形		别名	铁线、转子莲
卵形（小叶）复叶		分类	毛茛科铁线莲属
树高		分布	北半球各地、新西兰
蔓形落叶木质藤本或草本 1~5 米		花色	白、红、粉、黄、蓝、紫、褐、复色
		用途	庭院树、公园树

1	2	3	4	5	6	7	8	9	10	11	12

花期(冬天开花)　　　花期(单季开花、四季开花)　　　花期(冬天开花)
果实　　　　　　　　果实

藤娘

▲花 大朵的花朝上开，品种为"藤娘"。

幼果

◀果实 授粉后 2 个月左右会结出有被毛的果球（种子），会随风飘散。

转子莲

▼花 6 片萼片，雄蕊为紫色花瓣状。　　▲花 花的直径为 7~10 厘米。像花瓣的是 8 片萼片。

铁线

绣球藤

▲ 树姿 被人们亲切地称为"藤本植物女王"，被制成围栏和藤架等。

◀ 花 原产于喜马拉雅地区的绣球藤开出许多甜香味的、直径为4~6厘米的花朵。4片萼片先端卷起。

观察

看起来像花瓣的是经过变化、染色后的萼片，成偶数生长。

▼ 花 原产于中国的"云南铁线莲"是一种常绿的冬天开花品种，几朵钟形的花向下开。

云南铁线莲

日本南五味子

在日本的《古事记》和《万叶集》中都有记载。有攀缘性，晚秋成熟的红色果实很漂亮，十分吸引人眼球，因此又名"果葛"。另外，以前人们曾用该树的树枝中含有的黏液整理头发，所以也有"美男葛"的别名。夏天，浅黄色的花垂开。

叶形
椭圆形、卵形单叶

树高
蔓形常绿木质藤本
7~10米

别名 美男葛
分类 五味子科南五味子属
分布 日本本州（关东地区以西）至冲绳
花色 浅黄色
用途 庭院树、绿篱

1	2	3	4	5	6	7	8	9	10	11	12
							花期		果实 红叶		

▲雄花 直径约为1.5厘米，无毛，在有光泽的叶腋处开花。雄蕊呈球状。

▼果实 小粒的果实聚集起来，呈球状的集合果直径为2~3厘米。白色果实的品种叫"白果南五味子"。

银丝藤蔓

生长旺盛，枝条伸展可长达10米以上，夏天小枝头上开有穗状的白色小花，轻飘柔软。花朵齐齐绽放，整个植株像是被白雪覆盖了一般，所以又名"夏雪蔓"，能嗅到芳香。耐寒性强，在寒冷的地区，即使小枝枯萎了，仍会留有较粗的部分，到春天的时候长出新芽。浅绿色的叶子在秋天会变红。

叶形
椭圆形单叶

树高
蔓形落叶木质藤本
10米以上

别名 夏雪蔓
分类 蓼科何首乌属
分布 原产于中国西部地区
花色 白色
用途 庭院树、墙面绿化

1	2	3	4	5	6	7	8	9	10	11	12
							花期		果实 红叶		

▲叶 先端尖，长4~6厘米，叶缘有波状锯齿，叶质薄，互生。

▼花 长而直立，呈穗状花序，小白花接连开放。没有花瓣，呈花瓣状的是5片萼片。

多花紫藤

有右卷的野田藤和左卷的山藤，可观赏和用其植物纤维制衣服、绳子等，自古以来就与日本人的生活密切相关。万叶歌人把优雅美丽的多花紫藤花像波浪一样摇曳的样子称为藤波（藤浪），创作了 27 首与多花紫藤相关的和歌。《源氏物语》中女主人公藤壶也是以此植物为形塑造的角色。

▲果实 长 10~20 厘米的豆果。茸毛密生。

▲叶 长 20~30 厘米的奇数羽状复叶。

▼花 山藤的花长 2~3 厘米，稍大，但是花量不大，花序短。图为园艺品种"白花美短"。

山藤

叶形
长椭圆形、狭卵形（小叶）复叶

树高
蔓形落叶木质藤本 10 米

别名	野田藤
分类	豆科紫藤属
分布	日本本州至九州
花色	紫、白、粉、浅紫色
用途	庭院树、公园树、盆栽

1	2	3	4	5	6	7	8	9	10	11	12
			花期						果实		
										红叶	

▼花 蝶形花，长 1.5~2 厘米。花序长 20~90 厘米，从基部垂下开花。

树皮

观 察

灰褐色，往上看，藤蔓顺时针卷起。

忍 冬

2 朵香甜的花并排开在相对的叶子旁边。到了晚上香味更浓。拔掉花朵吸食花蜜能尝到甜味，因为以前孩子们喜欢吸食，所以又名"吸葛"。白花会逐渐变成黄色，所以又被称为"金银花"；冬天叶子也不会枯萎，所以名为"忍冬"。秋天结出有光泽的黑色果实。

▲果实 直径为 5~6 毫米的球形浆果，2 个果实并列生长。

▲冬叶 冬天，叶子向内侧卷曲。

▼花 混开有白花和黄花。夜晚有很强的香味，会引来帮助传播花粉的夜行性蛾。

叶形	长椭圆形单叶
树高	蔓形半常绿木质藤本 3~5 米

别名	金银花、吸葛
分类	忍冬科忍冬属
分布	日本北海道（南端）至九州
花色	白至黄色
用途	庭院树、绿篱

1	2	3	4	5	6	7	8	9	10	11	12
红叶				花期				果实			红叶

▼树姿 分枝繁茂，藤蔓攀缘于草木上，但是如有没有可缠绕的东西则会在地面匍匐生长。

观察 唇形花，细花筒的先端大，2 裂，雄蕊和雌蕊凸出。

亚洲络石

在日本叫"定家葛"，以藤原定家的名字命名。传说定家因为对恋爱的执念而化成葛，一直纠缠在恋人——式子内亲王的坟墓上。散发香味的筒状花，尖端 5 深裂并稍微扭曲开，形状像小风车。成熟裂开的果实上带着白毛的种子随风飞散。也有斑纹叶的品种及初雪葛等其他品种。

叶形
椭圆形单叶

树高
蔓形常绿木质藤本
5~10 米

别名	定家葛
分类	夹竹桃科络石属
分布	日本本州至九州
花色	白至浅黄色
用途	庭院树、绿篱

1	2	3	4	5	6	7	8	9	10	11	12
				花期					果实		

初雪葛

◀叶 长有小的叶子，新叶有粉红色和白色斑纹的彩色园艺品种。

▼树姿 从茎上伸出根，攀爬到树木或岩石上，长长伸展。花色从白色渐变成浅黄色。

果实

菱叶常春藤

常绿，冬天叶子也不会枯萎，所以也叫"冬藤"。从藤蔓中长出许多气生根，攀爬到树木和岩石上。叶子厚而有光泽，有刻痕的和没有刻痕的混杂在一起。冬天，枝头的小花呈球状聚集而开，第二年春天，圆圆的小果实变黑成熟。花园中常用的是洋常春藤。

叶形
卵状披针形单叶

树高
蔓形常绿木质藤本
5~10 米

别名	冬藤
分类	五加科常春藤属
分布	日本本州至九州
花色	黄绿色
用途	地被植物、墙面绿化

1	2	3	4	5	6	7	8	9	10	11	12
				果实					花期		

▶叶 花瓣有 5 片，直径约为 1 厘米的花聚集在一起，在叶上呈球状开花。

▼果实 球形浆果，直径为 8~10 毫米。冬天结果，第二年春天成熟，变为紫黑色。

紫葛

生长在山地的野生葡萄，果实虽粒小，但成熟后酸甜可口，可生吃。从叶子的另一端延伸出来的卷须，缠绕在其他树木上，往上攀缘。雌雄异株，初夏多开黄绿色5瓣花，开花的同时花瓣脱落，所以不太明显。秋天叶大而红，十分夺目。

叶形
五角状心圆形单叶

树高
蔓形落叶木质藤本
3米以上

别名 大桑叶葡萄、山葡萄
分类 葡萄科葡萄属
分布 日本北海道至四国
花色 黄绿色
用途 庭院树

1	2	3	4	5	6	7	8	9	10	11	12
					花期				果实		
									红叶		

(雄蕊)

◀雄花 花序长约20厘米，5片花瓣在开花的时候脱落，长雄蕊十分夺目。

▼果实 直径约为8毫米的球形浆果，呈总状垂下生长。成熟时变为紫黑色。

桑叶葡萄

自古以来就在日本野生的葡萄。比山葡萄整体更小，在平地和树林中都能看到。雌雄异株，夏天雄花、雌花都开有很多质朴的小花，呈圆锥花序。花后，雌株上结出成串的球形果实，秋天成熟变黑，可以食用。在日本，这种果实的汁液叫"海老色"，所以又名"海老蔓"。

叶形
卵形至宽卵状
三角形单叶

树高
蔓形落叶木质藤本
2~3米

别名 海老蔓
分类 葡萄科葡萄属
分布 日本本州至冲绳
花色 黄绿色
用途 绿篱

1	2	3	4	5	6	7	8	9	10	11	12
					花期				果实		
									红叶		

▶果实 比紫葛要小，直径约为6毫米的球形浆果。

▼雄花 花簇长6~12厘米，凸出的雄蕊很显眼。叶子有浅刻痕和深刻痕2种。

蛇葡萄

又名"野葡萄",为山野中生长的葡萄,互生的各叶相对,卷须有分叉。夏天开浅绿色的小花,秋天结出绿、白、紫、红紫、蓝色等各种各样颜色的果实,成串生长。因为果实上寄生了苍蝇和蜜蜂的幼虫,形成虫瘿,所以即使有葡萄的名字,也不能食用。

叶形
圆形单叶

树高
蔓形落叶藤本
5~8米

别名 假葡萄、野葡萄
分类 葡萄科蛇葡萄属
分布 日本北海道至冲绳
花色 浅绿色
用途 花材

1	2	3	4	5	6	7	8	9	10	11	12
						花期			果实		
										红叶	

▼树姿 各节中长出卷须,缠绕其他物体上延展。因为果实有虫子,大小和形状不一。小图为多彩的成熟果实。

爬墙虎

卷须的先端有吸盘,贴着其他物体攀爬,生长茂盛。因其攀缘、延展生长的样子而得名"爬墙虎"。另外,夏天叶子会变得茂盛,所以也被称为"夏常春藤"。叶子一般呈掌状,3裂,秋天会变成美丽红叶。虽然开了很多花,但是因为花很小,隐藏在叶子里开,所以容易被人忽视。

叶形
宽卵形单叶

树高
蔓形落叶木质藤本
10米以上

别名 地锦、甘葛
分类 葡萄科地锦属
分布 日本北海道至九州
花色 黄绿色
用途 庭院树、盆栽、
墙面绿化

1	2	3	4	5	6	7	8	9	10	11	12
						花期			果实		
										红叶	

吸盘

▲树姿 卷须的先端为吸盘,沿垂直的墙面攀爬,所以有绿化的作用。

▼红叶 叶色从绿色到黄色,再到红色,十分美丽。晚秋时期是爬墙虎叶色最耀眼的季节。

扶芳藤

从茎上伸出吸附根，攀爬到其他物体上。叶、花、果实都和冬青卫矛一模一样，区别就在于该树会变成藤蔓，也被称为"冬青卫矛葛""冬青卫矛常春藤"等。也有带白色或黄色斑点的园艺品种被种植于庭院里。初夏开的花很朴素，秋天果实成熟后，被橙红色的假种皮包裹的种子就会显现出来，很显眼。

叶形
椭圆形、长椭圆形单叶

树高
蔓形常绿木质藤本10米以上

别名 金线风
分类 卫矛科卫矛属
分布 日本北海道至冲绳
花色 黄绿色
用途 庭院树、地被植物、墙面绿化

1	2	3	4	5	6	7	8	9	10	11	12
					花期				果实		

▲叶 长2~6厘米。虽然和冬青卫矛的叶长相似，但是不如冬青卫矛的叶子有光泽。茎呈藤蔓状。

▼果实 球形的蒴果，直径为5~6毫米。比冬青卫矛的果实小一圈。

茑　漆

在地面上爬行，或者一边攀爬一边把气生根伸出来，和其他的东西纠缠在一起，是到了秋天最先变成红叶的树木，姿态美丽，但是有毒。和漆树一样，毒性成分很强，接触树叶时会有严重的皮疹。雌雄异株，初夏开黄绿色的五瓣小花，呈穗状花序。叶子是长柄的顶端有3片小叶组成的复叶。

叶形
卵形、椭圆形（小叶）复叶

树高
蔓形落叶木质藤本10米

别名 漆藤
分类 漆树科漆树属
分布 日本北海道至九州
花色 黄绿色

1	2	3	4	5	6	7	8	9	10	11	12
				花期			果实				
								红叶			

▲花 叶腋处长有花穗，长3~5厘米，花瓣有5片，卷翘开放。

▼叶 先端短而尖，小叶长5~15厘米。长10厘米的叶柄上长有3片叶子。

勾儿茶

生长在丘陵到山地的林内。有一种说法是，其强壮的藤蔓被比作熊，垂下的树枝被比作柳树，所以别名"熊柳"。夏天，枝头多开 5 瓣小花，呈穗状花序。果实保持蓝色的样子过年，到第二年的花期时才成熟，所以那时候可以同时看到黄绿色的花朵和红色的果实。实际上果实成熟后会变黑变甜，可以生吃。

叶形 卵形至长椭圆形 单叶	**别名** 无
	分类 鼠李科勾儿茶属
树高 蔓形落叶木质藤本 5 米	**分布** 日本北海道至九州
	花色 黄绿色
	用途 庭院树

1	2	3	4	5	6	7	8	9	10	11	12
						花期 果实			红叶		

▲叶 长 4~6 厘米，两端圆，互生，晚秋时期变黄。茎略呈紫色，滑而韧。

▼果实 长 5~7 毫米的长椭圆形核果。从绿色变为红色再变为黑色成熟需要 1 年的时间。可以同时看到果实和花。

木防己

生长在向阳的路边和林缘等处。"葛"和"蔓"同样有藤蔓的意思。以前在日本，用又长又结实的藤蔓编织装衣服的笼子，这个笼子就叫"葛笼"。木防己在《万叶集》中也以"葛"的名字被记载。夏天，在枝头和叶腋处开黄白色不起眼的小花。在晚秋，可以看到带有白色粉末的蓝黑色的圆形成熟果实。

叶形 宽卵形至心形单叶	**别名** 青葛藤
	分类 防己科木防己属
树高 蔓形落叶木质藤本	**分布** 日本北海道、本州（关东地区以西）至冲绳
	花色 黄白色
	用途 绿篱

1	2	3	4	5	6	7	8	9	10	11	12
						花期			果实		

▲花 雌雄异株。奶油色的小花呈穗状花序。花瓣、萼片各 6 片，雄蕊有 6 枚。

▼果实 形如葡萄的果实，直径为 6~7 毫米的球形核果，数个果实聚集在一起生长。

绣球钻地风

从树枝上伸出气生根，缠绕在岩石和其他树木上，一边爬一边长长伸展。尖尖的心形叶子在秋天会变黄。梅雨季节，枝头开出像额绣球花一样的花。有1朵看起来像花瓣的白色装饰花是该树的特征，装饰花是由萼片发育长大形成的，花枯萎以后也仍然有。

叶形
宽卵形单叶

树高
蔓形落叶木质藤本
7~10米

别名 瓜蔓、瓜莴
分类 绣球（虎耳草）科
　　　 钻地风属
分布 日本北海道至九州
花色 白色（装饰花）
用途 庭院树

1	2	3	4	5	6	7	8	9	10	11	12
					花期			果实			
									红叶		

▲叶 对生，长5~15厘米，叶缘有锐利的锯齿，稀疏排列。

▼花 花序直径为10~20厘米。中心的两性花花瓣掉落，雄蕊十分夺目。长有1片卵形的装饰花。

雄蕊

装饰花

冠盖绣球

日本名字是蔓生的绣球花的意思。生长在树林中，在树木和岩石上爬上爬下地生长。在小枝的顶端开着1朵类似于绣球钻地风的花。看起来像白色花瓣的萼片一般有4片，可以和只有1片的绣球钻地风区别开来。2片相对生长的小叶子可做野菜食用，能享受到像黄瓜一样清爽的香味。

叶形
卵形单叶

树高
蔓形落叶木质藤本
10~20米

别名 藤绣球、奇形绣花花
分类 绣球（虎耳草）科
　　　 绣球属
分布 日本北海道至九州
花色 白色（装饰花）
用途 庭院树、墙面绿化

1	2	3	4	5	6	7	8	9	10	11	12
					花期			果实			
									红叶		

▶叶 与绣球钻地风不同，叶缘的锯齿细，排列整齐。

▼树姿 具攀缘性，缠绕在建筑物等地，具有观赏性。装饰花的萼片呈花瓣状，有4片，这是该树的特征。

葛枣猕猴桃

野生在山野的林缘等处。茎呈藤蔓状、缠绕在其他树木上攀爬。花开的时候上部的叶子表面会变成白色，所以从远处看也很显眼。散发芬芳的花在叶阴处朝下开花。果实先端尖，形如橄榄球状，不过也有虫子进入形成凹凸不平的球状虫瘿。

叶形
宽卵形单叶

树高
蔓形落叶木质藤本
10~15 米

别名 葛枣子、木天蓼、夏梅
分类 猕猴桃科猕猴桃属
分布 日本北海道至九州
花色 白色
用途 庭院树

1	2	3	4	5	6	7	8	9	10	11	12
					花期				果实 红叶		

◄幼果 是猫喜食的果子。长2~2.5 厘米的长椭圆形果实，成熟后为橙黄色。也长带虫瘿的果实，可入药。

▼叶与花 开花的同时，枝头的叶子表面会变白。花直径为2~2.5 厘米，花瓣有5片。

软枣猕猴桃

自生在山地和林缘处，藤蔓缠绕在其他的树和岩石上。藤蔓粗壮结实，具有耐风雨的特性，日本德岛县的"蔓桥"就是用该树的藤蔓制作而成的。初夏，白花向下开放。果实被称为迷你猕猴桃，香气浓郁，酸甜可口。晚秋果实成熟的时候叶子会变成黄色。

叶形
椭圆形至宽卵形单叶

树高
蔓形落叶木质藤本
20 米以上

别名 软枣子、奇异莓
分类 猕猴桃科猕猴桃属
分布 日本北海道至九州
花色 白色
用途 庭院树

1	2	3	4	5	6	7	8	9	10	11	12
					花期				果实 红叶		

▲叶 先端尖，长6~10 厘米，厚，表面略有光泽，互生。

▼果实 长2~2.5 厘米，形如小型的猕猴桃。遇霜会有皱纹，此时正是果实可食用的时期。

五叶木通

从根部长出的藤蔓，缠绕着其他的树向高处攀登。春天有 1~2 朵稍大的紫红色雌花和几朵较小的浅紫色雄花向下开放。看起来像花瓣的是 3 片萼片，没有花瓣。果实成熟时纵向裂开。5 片小叶呈掌状，也有 3 片小叶的三叶木通。

雄花　雌花

雌花

雄花

三叶木通

▲花　垂下的花序上长出小雄花和大雌花。

▲花　三叶木通的花色为深紫色。

▼新芽　天气变暖和就茂盛地生长起来，是有"树眼"之称的珍贵山野菜。

三叶木通

叶形
长椭圆状倒卵形（小叶）复叶

树高
蔓形落叶木质藤本 3~7 米

别名	木通、石木通
分类	木通科木通属
分布	日本本州至九州
花色	浅紫红色（萼片）
用途	庭院树、绿篱

1	2	3	4	5	6	7	8	9	10	11	12
			花期					果实		红叶	

▼果实　长 5~10 厘米。一般成熟后为紫色，裂开。中间呈果冻状的果肉和厚果皮可以食用。

五叶木通

三叶木通

观察

五叶木通叶子（上小图）的小叶有 5 片，三叶木通（右小图）的叶子为 3 片，叶缘有波状锯齿。

五味子

秋天结红色的圆形果实，像葡萄串一样。因果实有甜、辣、苦、酸、咸五味，故称"五味芥末"，可入药。江户时代由朝鲜传入日本，故在日本名为"朝鲜五味子"。明治时期才知道该植物也有在日本山地自然生长的。初夏散发花香的黄白色花朵垂开。

叶形
倒卵形至椭圆形单叶

树高
蔓形落叶木质藤本
2~3 米

别名 朝鲜五味子
分类 五味子科五味子属
分布 日本北海道、本州（中部地区以北）
花色 黄白色
用途 庭院树

1	2	3	4	5	6	7	8	9	10	11	12
				花期				果实 红叶			

▲果实 直径约为 7 毫米的红色浆果，长 5~10 厘米的果实串垂下。

▼花 直径约为 1 厘米，花柄长长垂下开花。柔软的叶子聚集在一起生长。

白背爬藤榕

细长伸展的枝条分枝繁多，长出气生根在其他的树木、悬崖、石墙上攀缘。如果伤及茎叶，则会流出白色乳液。花与普通有花瓣的花不同，花在绿色果实状的花囊中，如不裂开是看不到花的。果实成熟后呈蓝紫色。花园里常种植的"菲卡斯·普米拉"，是同属植物薜荔的青年树。

叶形
长椭圆状披针形单叶

树高
蔓形常绿木质藤本
2~5 米

别名 无
分类 桑科榕属
分布 日本本州（福岛、新潟县以西）至冲绳
花色 绿色（花囊）
用途 墙面绿化、地被植物

1	2	3	4	5	6	7	8	9	10	11	12
				花期				果实			

▲叶 长 6~13 厘米。先端呈尾状，尖，无毛，正面有光泽。叶柄为暗褐色，密生有短毛。

▼叶 叶质厚，长 4~10 厘米。叶脉清晰浮现。

薜荔

菝葜

锯齿状的茎，有向下尖锐的刺，有如果繁茂缠绕，猴子也会被卡的意思，故又名"捕猴茨"。雌雄异株。春天叶子长出来的同时，黄绿色的 6 瓣小花聚集在腋下盛开。在秋天，圆果变红成熟，落叶后仍保留。在日本西部，人们会用其光润的嫩叶包裹年糕和团子。

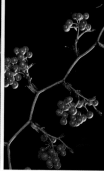

▲卷须 从着生刺和叶的根部长出卷须，缠绕其他物体。

▲茎 强而硬的茎粗糙生长。

▼雄花 聚集成球状，雄蕊有 6 枚，6 片花被片的先端翘起。

叶形
圆形至椭圆形单叶

树高
蔓形落叶木质藤本
2~3 米

别名 金刚刺、金刚藤
分类 菝葜（百合）科菝葜属
分布 日本北海道至冲绳
花色 黄绿色
用途 庭院树、绿篱

1	2	3	4	5	6	7	8	9	10	11	12
			花期						果实		
										红叶	

▼树姿 在地面攀爬，周围的草木被刺和卷须缠绕，同时枝条纵向、横向伸展。

观察

虽然花很普通，但直径为 7~8 毫米的果实成熟后变红，十分夺目。

毛 竹

大约 250 年前从中国传入日本，广泛栽培于日本各地。春天长出的大竹笋可以食用。这是日本最大的竹子，有些竹子的直径超过 20 厘米。竹类植物一般在节上有 2 个隆起的环，而毛竹只有 1 个环。中间到上部节各有 2 根枝条。有龟甲竹、金明孟宗竹等品种。

叶形	别名	唐竹、孟宗竹
披针形单叶	分类	禾本科刚竹属
	分布	原产于中国
树高	花色	绿色
多年生常绿竹	用途	庭院树、公园树、食用
10~20 米		

1	2	3	4	5	6	7	8	9	10	11	12
叶			出笋	花期				花期			叶

▼树姿 笔直伸展的秆，越往上变得越细，老后变为黄色。

观 察

很少开花，据说是数十年才开 1 次花，开花后的植株会枯萎。花没有花瓣，先端的雄蕊垂下。

竹类的花

▲秆 直径为 10~20 厘米。竹节只有 1 个环，上沾有蜡质。

▲笋 笋皮为紫褐色，密生有褐色的毛。

金明孟宗竹

◀秆 金黄色的秆上有绿色的竖纹，笋皮脱落的时候十分美丽。

▼秆 毛竹的突变。茎的下部节不是水平的，而是倾斜的，像龟壳一样。

龟甲竹

桂 竹

别名：苦竹

除北海道外，日本各地均有栽培，是竹工艺中不可或缺的一部分。节上有 2 个环，每个节有 2 个分枝。

- 叶形 披针形单叶
- 树高 多年生常绿竹 7~15 米
- 分类 禾本科
- 分布 日本本州至冲绳

黑 竹

别名：紫竹

毛金竹的变种，整体小。第一年的嫩竹为绿色，第二年开始为紫黑色。

- 叶形 披针形单叶
- 树高 多年生常绿竹 7~10 米
- 分类 禾本科
- 分布 变异体

业平竹

别名：大名竹

种植在庭院里的代表性竹类植物，群生耸立的竹林十分美丽。竹皮会挂在竹节上一段时间。

- 叶形 披针形单叶
- 树高 多年生常绿竹 7~8 米
- 分类 禾本科
- 分布 原产于日本（自生地不明）

四方竹

别名：四角竹、疣竹

秆呈棱角状，立姿美丽。其特征是从竹节中长出气生根，叶片垂下。

- 叶形 披针形单叶
- 树高 多年生常绿竹 5~7 米
- 分类 禾本科
- 分布 原产于中国

辣薤矢竹

别名：辣薤竹

该竹是同为赤竹属的矢竹的变种。秆基部的节间处膨胀，变得像薤一般，而得此名。

- 叶形 披针形单叶
- 树高 多年生常绿竹 2~5 米
- 分类 禾本科
- 分布 园艺品种

唐 竹

别名：大名竹

在日本关东地区叫大名竹，是竹间最长的竹类，长达 60~80 厘米。

- 叶形 披针形单叶
- 树高 多年生常绿竹 8~10 米
- 分类 禾本科
- 分布 原产于中国

山白竹

别名：熊竹、隈竹

从 1 节中长出 1 枝，分枝长出大叶。干燥的冬天使叶缘染上了白色。

叶形 宽披针形单叶
树高 多年生常绿竹　1~1.5 米
分类 禾本科
分布 自生于日本京都

姬 筱

别名：小山白竹

形似山白竹，小型，所以又名"小山白竹"，没有美丽的白色叶缘。

叶形 披针形单叶
树高 多年生常绿竹　20~30 厘米
分类 禾本科
分布 自生地不明

秃 竹

新叶有金黄色的竖纹，是小型的赤竹属植物，但是在夏天以后叶斑色会变成深绿色。

叶形 披针形单叶
树高 多年生常绿竹　20~40 厘米
分类 禾本科
分布 日本本州（中部地方以北）

无毛翠竹

是在日本的福冈县于吕岛上发现的品种。节间极其短，小叶呈扇状茂密生长。

叶形 披针形单叶
树高 多年生常绿竹　20~40 厘米
分类 禾本科
分布 日本本州（关东地区以西）至冲绳

柳叶箬

别名：岛竹

叶子上有白色或浅黄色细条状斑块的品种，夏天最美，秋天斑块褪色。

叶形 宽披针形单叶
树高 多年生常绿竹　20~30 厘米
分类 禾本科
分布 园艺品种

倭 竹

别名：小竹、鸡毛竹

倭竹是最小的竹类。细而硬的秆密生，短枝头上一般长有 1 片叶子。

叶形 披针形单叶
树高 多年生常绿竹　1~2 米
分类 禾本科
分布 自生地不明

用树木装饰小庭院

植树后，视线会朝纵向延伸，让庭院看起来更立体，即使是很小的空间也会让人觉得很宽敞。那么，就试着使用喜欢的树木和花草，营造一个有季节感的小庭院吧。

改造前　改造成日式空间之前杂乱的庭院一角。

改造后

除了植物之外，还配有铺路石和鸟浴盆等，能够感受到自然风景的小庭院已经改造完工。

开始

❶
去除之前种植的植物，平整地面，用腐殖土和堆肥填满地面。

❷
种植树木之前要考虑到树木的高度和颜色，高的树要排在里面，灌木排在前面。

注意不要将树纵向或水平排成一条直线。

把铺路石放下来看看。铺路石是在种植植物后，为了培育植物的时候不伤害到周围的植物而不可缺少的东西，还能起到突出强调的作用。

查看整体情况，确认植物等是否呈直线排列，从哪个位置看间距会有变化，有没有产生深度和立体感等。

④ 决定了植物的配置后，就从里面开始种植，种植的顺序是从大到小。

将作为骨架的大庭院树木种植在重要的地方之后，在其根部和空隙处种植小灌木和小草，这样就能看起来有序、美丽。

5

种植好所有植物后，平整地面，放置铺路石，在铺路石周围贴上苔藓，覆盖地面。

6

最后，剪掉多余的枝条和枯枝便完成了。

改造后的小庭院

庭院由宁静的常绿树、季节变化的落叶树、营造明亮氛围的斑叶树组合而成。

针叶树及其
改良品种

与有着色彩斑斓花朵的靓丽夺目的花树相比，针叶树的花、叶、果都比较朴素，但是又不失独特。除了常见的针叶树外，下面的内容还介绍了一些色彩和树形优美的树种，这些树种经过欧美地区的改良，近年来用作庭院树。

黑 松

黑松又有"不老"之称，是过年的花里面不可或缺的一部分，常见于海岸附近。据说挂着天女羽衣的松树和《万叶集》中有马皇子吟诵的诗歌里的松树都是指黑松。因为树皮是黑色的，故得此名。整体给人一种雄壮粗野的感觉，所以也叫"雄松"。叶子为针状，成 2 束生长。

成年树

▲树皮 灰黑色。老树为龟甲状，上有裂纹，呈剥落状。

▲叶 长 10~15 厘米，成 2 束生长。

▼雄花 长 1.5~1.8 厘米的椭圆形花。没有花瓣，长有多枚雄蕊，产出大量的黄色花粉。

叶形	针形单叶
树高	不规则形常绿乔木 25 米

别名	雄松、男松
分类	松科松属
分布	日本本州至九州
花色	黄褐色（雄花）、紫红色（雌花）
用途	庭院树、公园树、行道树

1	2	3	4	5	6	7	8	9	10	11	12
			花期					果实			

雄花

雌花

▼树姿 树干粗，形成雄大的树形。球果在授粉 2 年后的秋天成熟，朝下裂开，形成松果。

观察

雌花呈小松果状，为紫红色，长在新枝的先端。

松果

赤松

除了常见于山野外，也被用作庭院树和防风林树种等。树皮带红色所以得此名。另外，树干苗条，与黑松相比，叶子柔软纤细，姿态优美，因此也被称为"雌松"。其他品种有赤松的变种多行松，其树形就像撑开的伞一样美丽，以及叶上有斑点的"蛇眼赤松"等品种。

叶形
针形单叶

树高
不规则形常绿乔木
25 米

别名 雌松、女人松
分类 松科松属
分布 日本北海道（南部）至九州
花色 黄褐色（雄花）、紫红色（雌花）
用途 庭院树、公园树、行道树

1	2	3	4	5	6	7	8	9	10	11	12
			花期					果实			

◀树皮 如名字那样，树皮为深红色。花和球果与黑松没什么不同，但是叶子更细更柔软。

▼ 从靠近植株基部的地方长出许多树干，树枝向四方伸展，形成如大伞般的树形。

多行松

长叶松

树干直立，粗壮的枝条伸展开来，青绿色的叶子 3 条成 1 束。长有松树中最长的叶子，叶子缓缓地描绘出拱形，从树枝上垂下，其雄伟的身姿与"大王"之名相称，故又名"大王松"。叶大，圆锥形至圆筒状椭圆形的松球果（球果）也特别大，长达 15~25 厘米。

叶形
针形单叶

树高
圆盖形常绿乔木
25~30 米

别名 大王松
分类 松科松属
分布 原产于北美洲东南部
花色 黄褐色（雄花）
用途 庭院树、公园树

1	2	3	4	5	6	7	8	9	10	11	12
			花期						果实		

▶树皮 深绿色，厚，纵向有浅裂纹，这也是松树的一般特征。

▼叶 青年树的叶 长 40~60 厘米。枝头上每 3 条针叶成 1 束，长长垂下。

成年树

松果

日本五针松

是日本的固有植物，自古就叫"五针"，在《枕草子》和《徒然草》中有记载。叶子每 5 条成 1 束是该树的特征，因而得此名。针状的叶子先端尖，但是叶子柔软，所以触碰了也不会痛。叶短，密生，美丽的叶子及呈水平线状扩展的枝条形成了很好的平衡，也可用作庭院树和盆栽。球果开花之后，需要 2 年时间成熟。

叶形
针形单叶

树高
伞形常绿乔木
20~30 米

别名 姬小松、圆果五叶
分类 松科松属
分布 日本北海道（南部）至九州
花色 浅绿至浅红色（雌花）
用途 庭院树、公园树、盆栽

1	2	3	4	5	6	7	8	9	10	11	12
				花期					果实		

◀ 叶 长 4~8 厘米，5 条成 1 束，微扭曲生长。

▼树姿 生长慢，有枝条横向伸展的特性。

日本金松

日本固有树种，是日本长野县木曾山区的 5 种珍稀名树之一，但因多生长在和歌山县的高野山，所以在日本以"高野槙"而为人所熟知。圆锥形的树形十分美丽，与喜马拉雅雪松、南洋杉并称为世界三大公园树。线形的树叶正中央有沟是该树的特征。这是 2 片叶子粘在一起生长的缘故。即使触碰到叶子的先端也不会有痛感。

叶形
线形单叶

树高
圆锥形常绿乔木
30~40 米

别名 金松
分类 金松科金松属
分布 日本本州（福岛县以西）至九州
花色 无
用途 庭院树、公园树

1	2	3	4	5	6	7	8	9	10	11	12
			花期						果实		

▶树皮 带灰色的红褐色，纵向有长裂纹，呈剥落状。

▼果实 长 6~12 厘米的椭圆形球果。授粉后第二年秋天成熟，长出种子之后也仍会留有长枝条。小图为带沟的叶子。

成年树

罗汉松

常用作庭院树、绿篱、防风树等。由于木材耐潮湿和白蚁，在多雨的日本冲绳被认为是高档建材。绿色的圆形果实长在暗红色的花托上。花托吃起来很甜。线形的叶尖多下垂。而与之相似的短叶罗汉松，叶小，叶尖向上不向下，所以可以以此区别开来。

叶形
宽线形单叶

树高
卵形常绿乔木
15~20 米

别名	长青罗汉杉、土杉、金钱松
分类	罗汉松科罗汉松属
分布	日本本州（关东地区以西）至冲绳
花色	浅绿色（雄花）、绿色（雌花）
用途	庭院树、公园树、绿篱

1	2	3	4	5	6	7	8	9	10	11	12
				花期					果实		

▼**树姿** 树干直立，枝条横向扩展。叶长 10~15 厘米，有光泽，呈螺旋状互生。

▲雄花 多数的雄蕊呈穗状花序，叶腋处长出数条雄花穗。　▲雌花 每个叶腋处长 1 朵雌花。

▼叶 短叶罗汉松的叶子长 4~8 厘米，比罗汉松的叶子要更细更短，向上密生。

短叶罗汉松

观察
看起来像绿色的果实，其实是种子。成熟后会从红色变成紫色，花托可食用。

果实

325

东北红豆杉

以前在日本，地位高的公家手里拿着的笏就是用该树的木材制作的，象征着权利的最高位，因而在日本又名"一位"。从笔直的树干向四面八方伸出枝条，形成圆锥形的树形。有光泽的叶子和红色的美丽果实，宜用作庭院树和绿篱。同属植物中，像是叶色稍亮的欧洲红豆杉也常见于庭院里。

叶形		别名	紫杉、赤柏松
线形单叶		分类	红豆杉科红豆杉属
		分布	日本北海道至九州
树高		花色	浅黄色（雄花）、浅绿色（雌花）
圆锥形常绿乔木 15~20 米		用途	庭院树、公园树、绿篱

1	2	3	4	5	6	7	8	9	10	11	12
		花期						果实			

◀叶 长 约 2 厘米，先端尖，但是即使握住叶子也不会痛。横向伸展的枝条上叶子分成2列生长。

▼果实 先端裂开的红色果实正是包裹着种子的假种皮。假种皮味甜可食用，但是种子有剧毒。

矮紫杉

该树是红豆杉的变种，枝条横向或斜向上延伸，呈株立状，长大也就高 3 米左右。虽然生长缓慢，但是因为耐强剪，所以常用作庭院树木和绿篱等。还有新叶为黄色的美丽园艺品种黄金矮紫杉。花和果实与红豆杉没有区别，但是叶子不像红豆杉那样排成 2 列，而是呈螺旋状互生。

叶形		别名	矮丛紫杉、枷罗木
线形单叶		分类	红豆杉科红豆杉属
		分布	日本本州（日本海一侧）
树高		花色	浅黄色（雄花）、绿色（雌花）
株立形常绿灌木 1~3 米		用途	庭院树、绿篱、公园树

1	2	3	4	5	6	7	8	9	10	11	12
		花期						果实			

▶雄花 雌雄异株。没有花瓣，有许多雄蕊聚集在一起呈球形，长在叶腋处。

▼叶 长 1~2 厘米，枝叶呈螺旋状密生，所以看起来像是轮生。

喜马拉雅雪松

在明治初期传入日本，种植在公园等地作为观赏用而为人们所熟知。与金松和南洋杉一起被列为世界三大公园树木。树干笔直向上，粗枝水平展开的圆锥形树形与杉树相似，故得此名，不过该树种是松属植物。长卵形的大球果，在第二年秋天由绿色转为成熟后的红褐色。

▲叶 长约4厘米的细针状，银绿色十分美丽。

▲树皮 灰褐色。成为老树之后会有鳞片剥落状的树纹。

老树

叶形			别名	雪松
针形单叶			分类	松科雪松属
树高			分布	原产于喜马拉雅西部至阿富汗
圆锥形常绿乔木 20~30米			花色	黄褐色（雄花）、浅绿色（雌花）
			用途	庭院树、公园树

1	2	3	4	5	6	7	8	9	10	11	12
									花期		
									果实		

▼幼果 长6~13厘米的球果。秋天授粉，第二年的秋天或晚秋时转熟。开始时为绿色，过了夏天之后十分夺目。

▼树姿 呈金字塔形的雄大树形，是最美的庭院树、公园树之一。

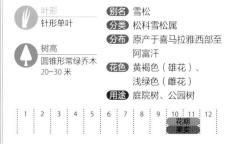

雄花

观察
长2~5厘米的圆筒形花。大量的花粉飞散出来，犹如地面被染上了一层黄色。

水 杉

1949 年被引入日本，种植在公园、校园等地。曾被认为是已经灭绝的品种，只以化石为人所知，20 世纪 40 年代在中国的四川省被发现，作为"活化石"成为人们热议的话题。亮绿色软线形的叶子，水平排列，看起来像羽状。秋天变成红褐色，与细细的小枝一同落下。

成年树

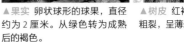

▲果实 卵状球形的球果，直径约为 2 厘米。从绿色转为成熟后的褐色。

▲树皮 红褐色。纵向粗裂，呈薄剥落状。

▼雄花的冬芽 晚秋时期，与雄花的小芽相对生长的小枝垂下。

雄花

| | 叶形 | 线形单叶 |
| | 树高 | 圆锥形落叶乔木 25~30 米 |

别名	梳子杉
分类	杉科水杉属
分布	原产于中国西南部
花色	绿色（雌花）、黄褐色（雄花）
用途	行道树、公园树、绿化树

1	2	3	4	5	6	7	8	9	10	11	12
	花期								果实		
										红叶	

▼红叶 枝叶柔和，形成匀称的圆锥形树形，在深秋落叶。

叶

观察

线形的叶子长 2~3 厘米，羽状对生。

落羽杉

破土而出以求呼吸的膝状呼吸根，有呈柱状直立的特性。由于可以在沼泽地和河边等地生长，所以也被称为"沼杉"。水平排列的鸟羽状叶片，很像水杉，但因为在侧枝上互生，所以能区分开来。秋天叶子和小枝一同落叶。

▲ 树皮 红褐色。下部凹凸不平，有显眼的竖纹，呈剥落状。

▲ 幼果 直径为 2.5~3 厘米的圆形绿白色球果。

▼ 呼吸根 从根部附近长出，帮助树根呼吸以适应湿地的环境而生长发育出来。不怎么在干燥的地方生长。年轻的树木也不怎么长呼吸根。

叶形
线形单叶

树高
圆锥形落叶乔木
20~30 米

别名 沼杉
分类 柏（杉）科落羽杉属
分布 原产于北美洲东南部
花色 绿色（雌花）、黄褐色（雄花）
用途 公园树

1	2	3	4	5	6	7	8	9	10	11	12
			花期						果实		
										红叶	

▼ 树姿 秋天，当叶子变成红褐色的时候，球果也成熟呈褐色，露出种子。

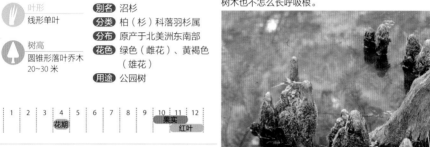

叶

观 察

扁平，柔软，侧枝呈羽状互生。

杉 木

直立的树干上枝条呈水平扩展，呈宽圆锥形的树形，十分美丽，在欧美地区常作为观赏性树木。在江户时代引入日本，生长较快，所以常种植在公园、寺庙、神社等地。深绿色，有光泽的叶子在枝条上呈螺旋状，排成 2 列生长。叶硬，先端尖，所以触碰的时候会感觉痛。

▲树姿 树皮和日本柳杉很像，树干笔直参天。

▲幼果 初时为绿色，在枝头上结出数个果实。

▼雄花 长椭圆形，在枝头上呈簇状集结开花，花粉飞散。

叶形	长披针形单叶

| 树高 | 圆锥形常绿乔木 25~35 米 |

别名	广叶杉、刺杉
分类	柏（杉）科杉木属
分布	原产于中国南部
花色	绿色（雌花）、黄褐色（雄花）
用途	庭院树、公园树

1	2	3	4	5	6	7	8	9	10	11	12
			花期						果实		

▼果实 球形，直径为 3~4 厘米的球果。从绿色转为成熟后有光泽的褐色果实。

观·察

叶长 3~5 厘米，呈螺旋状互生，在枝上排成 2 列，羽状。

日本落叶松

又名"唐松"，是日本的特产品种。因新叶的样子似唐画中的松树而得名。日本的针叶树中，会落叶的就只有该树种，春天柔软的新芽及秋天的黄叶都格外美丽。长出叶子的同时还会开花。雄花朝下，雌花向上。果实在开花后的秋天成熟。

成年树

▲树姿 在日本全国有种植，笔直伸展的树姿随处可见。

▲树皮 暗褐色，呈鳞状脱落。

▼黄叶 因为是落叶树，所以叶子在秋天会染成美丽的黄色，之后扑簌簌地飘落。

叶形
线形单叶

树高
圆锥形落叶乔木
20~30 米

 别名 藤松、日光松
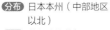 分类 松科落叶松属
分布 日本本州（中部地区以北）
 花色 黄色（雄花）、浅红色（雌花）
用途 庭院树、公园树、行道树、防风林

1	2	3	4	5	6	7	8	9	10	11	12
			花期						果实		
									红叶		

▼幼果 长 2~3.5 厘米的卵状球果。果实朝上生长，初为黄绿色，成熟后为黄褐色。

观察
短枝上有许多叶子成束生长。

叶

鱼鳞杉

别名：虾夷松

被指定为日本北海道的代表树木，是具有代表性的针叶树。枝条水平展开，变老后垂下。果实初时朝上，成熟后垂下。

叶形 线形单叶　树高 常绿乔木　25 米
分类 松科　分布 日本北海道
花色 黄红褐色（雄花）
花期 5~6 月　果期 9~10 月

大白叶冷杉

别名：大白桧曾

该树的特点是，短叶紧密地贴在小枝上，看不到小枝的轴。在冬天的日本藏王山，该树种以被树冰覆盖越冬的身姿而闻名。

叶形 线形单叶　树高 常绿乔木　20 米
分类 松科　分布 日本本州（中部地区以北）
花色 黄褐色（雄花）
花期 5~6 月　果期 8~10 月

白叶冷杉

别名：白桧曾

形成漂亮的圆锥形树形。叶子比大白叶冷杉的叶子稍长一些，在小枝的两侧呈羽状，能看到小枝的轴是其特征。

叶形 线形单叶　树高 常绿乔木　20 米
分类 松科　分布 日本本州（福岛县至中部地区、纪伊半岛）、四国　花色 黄褐色（雄花）
花期 5~6 月　果期 9~10 月

库页冷杉

别名：红库页冷杉

与鱼鳞杉一起是日本北海道的代表针叶树。其特点是叶子比鱼鳞杉的叶子要松软，不尖，稍凹，摸起来不痛。

叶形 线形单叶　树高 常绿乔木　30 米
分类 松科　分布 日本北海道
花色 红色（雄花）
花期 5~6 月　果期 9~10 月

日本冷杉

别名：枞

深绿色的叶子坚硬，在青年树上叶子先端2裂，呈针状尖。另外，作为圣诞树为人们所熟知的并非日本冷杉，而是欧洲冷杉。

叶形	线形单叶	树高	常绿乔木 25 米
分类	松科	分布	日本本州至九州
花色	黄绿色（雄花）		
花期	5 月	果期	9~11 月

日光冷杉

别名：岳枞、里白冷杉

叶子的背面为白色，有着 2 条宽线，看起来是白色的所以又名"里白冷杉"。虽然和日本冷杉很像，但是叶子背面是白色的，青年树的叶子先端不尖，嫩枝无毛，这些都是和日本冷杉的不同点。

叶形	线形单叶	树高	常绿乔木 20 米
分类	松科	分布	日本本州（福岛县至中部地方、纪伊半岛）
花色	紫红色（雌花）		
花期	6 月	果期	10~11 月

日本云杉

别名：虎尾云杉

粗叶稍弯，因先端像针一样尖而得名"针枞"，不能徒手抓。果实从树枝上垂下生长。

叶形	针形单叶	树高	常绿乔木 20~30 米
分类	松科	分布	日本本州（福岛县至纪伊半岛）至九州
花色	紫红色（雌花）		
花期	5~6 月	果期	10 月

库页云杉

别名：格列恩云杉

与鱼鳞杉相似，树干更红，因此得名"赤虾夷松"。树枝粗而短，长着密密麻麻的尖叶。秋天，椭圆形的果实垂下来。

叶形	线形单叶	树高	常绿乔木 20 米
分类	松科	分布	日本北海道、本州（早池峰山）
花色	紫红色（雌花）		
花期	6 月	果期	9~10 月

本岛云杉

鱼鳞杉的变种，比鱼鳞杉的叶子要短，先端不尖，果实小等都是与鱼鳞杉不同的特征，叶子正面和背面的颜色不同，背面有2条白筋。

叶形 线形单叶 **树高** 常绿乔木 20~25 米
分类 松科 **分布** 日本本州（关东及中部地区、纪伊半岛） **花色** 紫红色（雌花）
花期 5~6 月 **果期** 9~10 月

偃 松

因为树干在地面上爬行延伸，所以有了这个名字。树干分枝很多，从枝头也能延伸出根并向四面八方扩展。每 5 片粗叶成束。

叶形 针形单叶 **树高** 常绿灌木 1 米
分类 松科 **分布** 日本北海道、本州（中部地区以北） **花色** 紫红色（雌花）
花期 6~7 月 **果期** 8~9 月

北海道铁杉

又名"米栂"，因为把北海道铁杉的小叶比作"米"字形而得名。枝条水平延展，树形呈圆锥形。嫩枝长有短毛是该树的特征。

叶形 线形单叶 **树高** 常绿乔木 20~25 米
分类 松科 **分布** 日本本州（中部地区以北、纪伊半岛）至九州（祖母山） **花色** 紫褐色（雌花）
花期 6 月 **果期** 9~10 月

日本铁杉

别名：栂

虽然形似北海道铁杉，但是该树的嫩枝无毛，小果实在小枝的先端曲折生长。叶子先端不尖，大小不齐地生长着。

叶形 线形单叶 **树高** 常绿乔木 20 米
分类 松科 **分布** 日本本州（福岛县以南）至九州 **花色** 紫褐色（雌花）
花期 4~6 月 **果期** 9~10 月

日本柳杉

据说名字是由"直树"的意思演变而来的，象征着向苍天茁壮成长的样子。"古人种的烟杉"，就像《万叶集》中柿本人麻吕所吟诵的那样，是从很久以前就被栽种的树种。在福井县的鸟滨贝冢出土了日本绳文时代前期的杉树独木舟。浅黄色的雄花散布花粉。

成年树

▲雌花 直径为 2~3 厘米的球形花，每个枝头上长有 1 朵。

▲树皮 红褐色。竖纹，呈薄剥落状。

▼雄花 长 5~8 毫米的椭圆形花。枝头上开满了雄花，花粉随风飘散，会引起花粉症。

叶形	针形单叶
树高	圆锥形常绿乔木 30~40 米

别名	无
分类	柏（杉）科柳杉属
分布	日本本州至九州
花色	浅黄色（雄花）、绿色（雌花）
用途	庭院树、公园树、行道树、防风林

1	2	3	4	5	6	7	8	9	10	11	12
		花期							果实		

▼果实 直径约为 2 厘米的球果，从绿色转为成熟后的褐色。

叶

观 察

长约 1 厘米，呈镰状弯曲，针形，枝条呈螺旋状生长。枯萎后整条小树枝会脱落。

日本扁柏

日本最重要的木材树种之一。世界上最古老的木制建筑法隆寺，就是用该树的木材建造的，该树也因此而闻名。又名"桧"，有"火树"之意，因从前人们用该树的树枝摩擦生火而得名。鳞片状的叶子先端圆，触碰起来不痛。雌雄同株，雄花和雌花都在枝头，秋天结出成熟的圆果实。

叶形
鳞片状单叶

树高
伞形常绿乔木
20~30米

别名	无
分类	柏科扁柏属
分布	日本本州（福岛县以南）至九州
花色	紫褐色（雄花）、浅褐色（雌花）
用途	庭院树、公园树、绿篱、盆栽

1	2	3	4	5	6	7	8	9	10	11	12
			花期						果实		

▼绿篱 有矮生种等许多园艺品种，可用作庭院树和绿篱。小图为雌花（上）和雄花（下）。

▲果实 直径约为7毫米、如圆形牡丹状的球果长在枝头上。

▲树皮 红褐色，纵裂，有剥落现象。

▼叶 均为鳞形叶，正面（右图）有光泽，深绿色，叶背（左图）有白色的气孔线，为浅绿色。

观 察

叶背的白色气孔线呈Y字形。

雌花

雄花

日本香柏

日本香柏与罗汉柏、日本金松、日本扁柏、日本花柏一并被列为日本长野县木曾山区的 5 种珍稀名树。叶背为白色的罗汉柏叫作"白桧";与之相对,叶背不怎么白的日本香柏就叫作"黑桧"。雌雄同株,雄花、雌花都长在枝头,在授粉后的秋天会结出宽卵形的果实,朝上生长、成熟。

◀ 树皮 红褐色,呈纵向向薄剥落状。

▼ 叶 呈鳞状,上面一片片的为叶子,长 2~4 毫米,有光泽,叶子先端不尖。

叶形		鳞片状单叶

树高		圆锥形常绿乔木 25~30 米

别名	鼠子、黑桧
分类	柏科扁柏属
分布	日本本州(秋田县至中部地区)、四国
花色	紫黑色(雄花)、黄绿色(雌花)
用途	庭院树、公园树

1	2	3	4	5	6	7	8	9	10	11	12
				花期					果实		

观察 叶子正面和背面有气孔带,为浅绿色,不明显。

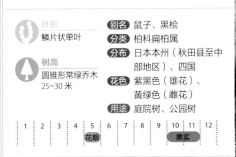

▼ 树姿 树干的中心部分的心材黑如鼠色,所以又名"鼠子"。

▼ 树姿 树干一般直立,呈圆锥形,形如日本扁柏。用作庭院树时,可适当修剪树形。

成年树

圆 柏

野生的圆柏在海岸附近与乌冈栎、海桐、黑松等一起生长，自古以来也常种植在寺庙、神社和庭院里。园艺品种有很多，如人们比较熟悉的"龙柏"。叶分为鳞形叶和像日本柳杉般叶子先端尖的针形叶 2 种。秋天，果实上覆盖着白色粉末，十分夺目。

叶形
鳞片状单叶

树高
圆锥形常绿乔木
12~20 米

别名	真柏、桧柏
分类	柏科刺柏属
分布	日本本州（岩手县以南的太平洋一侧）至冲绳
花色	黄褐色（雄花）、浅白绿色（雌花）
用途	庭院树、公园树、绿篱、盆栽

1	2	3	4	5	6	7	8	9	10	11	12
			花期						果实		

▼树姿 不仅是树干，侧枝也扭曲伸展，是龙柏的特色。

龙柏

◀树皮 灰褐色，纵裂，呈薄剥落状，树干扭曲生长。

成年树

▼叶 鳞形叶，形如细编织物。

观察

亮绿色的针形叶长 5~10 毫米，比鳞形叶还要长。

▲叶 有 2 种类型。修剪枝条之后会长出针形叶。

▼雌花 雌雄异株。雄花、雌花都没有花瓣，长在小枝头上。雌花有厚鳞片。

日本花柏

在日语中名为"椹"，是"椹木"的缩写，据说是因为与日本扁柏相比，木材更清爽柔软而得名。与日本扁柏非常相似，但相对于叶子呈小鳞片状、先端圆的日本扁柏，日本花柏的叶子先端尖。叶背整体看起来都是白色的，可从叶子将两树种区别开来。有很多园艺品种，可作为庭院树。

成年树

▲树皮 呈略灰的红褐色，纵向薄裂。

▲树姿 树枝稀疏地伸展，露出树冠。

▼叶 长约3毫米的鳞形叶，比日本扁柏的叶子要薄，光泽少，先端呈针状。

	叶形		别名	羽叶花柏、椹木
	鳞片状单叶		分类	柏科扁柏属
			分布	日本本州（岩手县中部以南）至九州
	树高		花色	紫褐色（雄花）、泥白色（雌花）
	伞形常绿乔木30米		用途	庭院树、公园树、绿篱

1	2	3	4	5	6	7	8	9	10	11	12
			花期					果实			

观察

白色的气孔带为X形或蝶形。与叶背呈Y形的日本扁柏可以区别开来。

叶背

▼果实 果实裂开，种子露出来后的球果变得凹凸不平。

▼幼果 直径约为7毫米的球形果，从浅绿色转为成熟后的褐色。

罗汉柏

日本的固有品种，为"木曾五树"（见P337）之一。在日本又名"翌桧"，因为和扁柏很像但又不是扁柏，所以据说该名有"明天变成扁柏吧"之意。叶比扁柏更厚更大，叶背呈白色。在青森县被称为"桧叶"，在石川县称为"档"，而叶和果实都比罗汉柏小的变种叫"桧翌桧"。

▲叶 叶子正面是深绿色，而背面显白色。

▲幼果 直径为1~1.5厘米的球果。

▼叶 与罗汉柏相比稍小，但又厚又硬。与罗汉柏一样，背面的白色气孔带很大，很显眼。

🌿 **叶形** 鳞片状单叶	**别名** 蜈蚣柏、桧叶、档
	分类 柏科罗汉柏属
🌳 **树高** 伞形常绿乔木 30~40米	**分布** 日本本州（岩手县至中部地区）至九州
	花色 紫褐色（雄花）、浅黄绿色（雌花）
	用途 庭院树、公园树、绿篱

1	2	3	4	5	6	7	8	9	10	11	12
				花期					果实		

▼果实 开花当年的秋天成熟。果鳞翘起裂开，长出种子之后久久留在枝条上。

桧翌桧

叶背

观察

白色的气孔带很宽，大而显眼。

铺地柏

别名：爬地柏、地龙

圆柏的变种。树干和树枝在地面匍匐横向扩展，所以可用作地被植物。有叶子带白斑或黄斑的品种。

叶形 针形单叶　树高 常绿灌木　1米
分类 柏科　分布 日本九州（壹岐、对马、冲之岛）
花色 黄褐色　花期 4~5月
果期 9~10月

杜　松

别名：鼠刺、刚桧

有着如针般尖锐而硬的叶子，触碰到会非常疼痛。据说以前将该树叶放置在老鼠的通道口可起到防鼠的作用。叶子在小枝上每3片为一组轮生。

叶形 针形单叶　树高 常绿灌木或小乔木　5~6米
分类 柏科　分布 日本本州至九州
花色 黄褐色（雄花）
花期 4月　果期 9~11月

海滨杜松

自生在海岸的沙地上。树干在地面上匍匐伸展，不会立起来。球形的果实成熟后表面会覆盖一层蜡质，呈紫黑色。

叶形 针形单叶　树高 常绿灌木、小乔木　5~6米
分类 柏科　分布 日本北海道至九州
花色 黄褐色（雄花）
花期 4月　果期 9~11月

竹　柏

别名：南攻竹柏、恒春竹柏

除了可用作庭院树之外，神社内常有此树种植。宽叶对生，是针叶树里看不到的特征，长出蓝白色的果实，有白粉。

叶形 椭圆形单叶　树高 常绿乔木　20米
分类 罗汉松科　分布 日本本州（式根岛、纪伊半岛、山口县）至冲绳　花色 浅黄色（雄花）
花期 5~6月　果期 9~11月

日本榧树

因为木材硬度适中，有弹性，所以作为棋盘材料而闻名。叶子有臭气，可用来熏蚊子，也是其名字的由来之一。果实被绿色的厚皮包裹，第二年秋天成熟裂开。可炒后食用。叶子先端尖锐，触碰到会有痛感。与之非常相似的柱冠粗榧因其叶质柔软，触摸也不痛，所以可以以此将两树种区别开来。

成年树

▲叶 长约 2 厘米，深绿色，有光泽，先端尖。

▲树皮 灰褐色，薄，纵向有剥落状裂纹。

▼叶 虽然属类不同，但是极其相似的柱冠粗榧的叶子先端不怎么尖，所以握住也不会像握住日本榧树的叶子那么疼。

柱冠粗榧

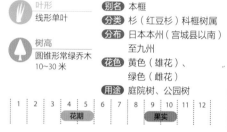

叶形　线形单叶

树高　圆锥形常绿乔木　10~30 米

别名 本榧
分类 杉（红豆杉）科榧树属
分布 日本本州（宫城县以南）至九州
花色 黄色（雄花）、绿色（雌花）
用途 庭院树、公园树

1	2	3	4	5	6	7	8	9	10	11	12
			花期					果实			

▼雄花 长约 1 厘米的椭圆形花，排成 2 列，长在二年生枝的叶腋处。

果实

观察

其实是种子。被绿色的假种皮包裹，在保持绿色的状态下成熟、裂开。

桑德斯蓝

白云杉

别名：加拿大唐桧

矮生种，分枝繁多，枝条斜向上生长，树形呈圆锥形。叶子为略白的灰蓝色。

叶形 针形单叶
树高 常绿灌木 2~3 米
分类 松科
分布 原产于北美洲

欧洲云杉

别名：德国云杉、挪威云杉

作为圣诞树而为人所熟知的树木。圆筒形的松果垂挂在树枝上。

叶形 针形单叶
树高 常绿乔木 30 米
分类 松科
分布 原产于欧洲、西西伯利亚

过山车

蓝粉云杉

别名：北美云杉

树形为圆锥形。枝条轮生，枝头微微垂下。叶子为银蓝色，触碰到会有痛感。

叶形 针形单叶
树高 常绿小乔木 6~8 米
分类 松科
分布 原产于北美洲

异叶南洋杉

别名：岛南洋杉

树干直立，枝条呈水平状伸展，树形呈窄圆锥形。在温暖地区的小巷处越冬。

叶形 针形、鳞片状单叶
树高 常绿乔木 15 米
分类 南洋杉科
分布 原产于南太平洋诺福克岛

霍普西

蓝粉云杉

别名：北美云杉

树形整体为圣诞树形。带蓝色的叶色十分美丽，是具有超高人气的品种。

叶形 针形单叶
树高 常绿小乔木 6~8 米
分类 松科
分布 原产于北美洲

绿干柏

别名：亚利桑那柏

枝条微微斜向上伸展，树形呈宽圆锥形。叶子为银蓝绿色，初夏长，新梢伸展，十分美丽。

叶形 鳞片状单叶
树高 常绿中乔木 8 米
分类 柏科
分布 原产于美国亚利桑那州至墨西哥北部

蓝冰柏

金冠柏

大果柏

别名：蒙特里柏木

有类似花椒的香味，呈圆锥树形。叶子遇霜呈橙色。

- 叶形 鳞片状单叶
- 树高 常绿中乔木　10 米
- 分类 柏科
- 分布 原产于美国加利福尼亚州

维尔多尼

美国铺地柏

具匍匐性，分枝繁多，呈地毯状扩展。蓝绿色的叶子在冬天略带紫色。

- 叶形 鳞片状单叶
- 树高 常绿匍匐性　10~15 厘米
- 分类 柏科
- 分布 原产于北美洲西部

埃里根蒂西马

侧　柏

别名：立儿手

许多扁平的枝叶平行延伸，形成圆柱形的树形。冬天叶色变红。

- 叶形 鳞片状单叶
- 树高 常绿中乔木　5~6 米
- 分类 柏科
- 分布 原产于中国

洛基山圆柏

树形为狭圆锥形，树形灵巧。带灰白色的绿蓝色叶子十分美丽，即使在冬天也不会变。

- 叶形 鳞片状单叶
- 树高 常绿小乔木　4~5 米
- 分类 柏科
- 分布 原产于北美洲西部

高山柏

具匍匐性，小枝多数分枝，覆盖地面。青绿色美丽的叶子在冬天呈茶褐色。

- 叶形 针形单叶
- 树高 常绿灌木　0.8~1 米
- 分类 柏科
- 分布 原产于中国东南部至喜马拉雅地区

高山柏

矮生种，密生有蓝绿色的叶子，小枝茂盛，分枝繁多，自然形成半球状的树形。

- 叶形 针形单叶
- 树高 常绿灌木　30~50 厘米
- 分类 柏科
- 分布 原产于中国东部至喜马拉雅地区

蓝色天堂

蓝地毯

蓝星

欧洲黄金

北美香柏

狭圆锥形的灵巧树形，金黄色的叶色夏天变成黄绿色，冬天变成带橙色的黄色。

叶形 鳞片状单叶
树高 常绿中乔木　4~6 米
分类 柏科
分布 原产于北美洲东部

蓝太平洋

海滨杜松

蓝绿色的叶子生长茂密。从与地面相接的地方生根，然后向四方攀缘。

叶形 针状单叶
树高 常绿灌木　30~40 米
分类 柏科
分布 日本北海道（日本海一侧）、本州（岩手至神奈川县沿岸）

镰仓桧叶

日本扁柏

短枝丛生，自然地聚集成狭圆锥形。叶色为厚重的深绿色。

叶形 鳞片状单叶
树高 常绿小乔木　4~6 米
分类 柏科
分布 原产于日本

莱兰柏树

树干直立，枝叶横向延伸。属于黄金叶的品种，阳光充足时叶片一年四季都是金黄色的。

叶形 鳞片状单叶
树高 常绿中乔木　4~6 米
分类 柏科
分布 杂交种

黄金骑士

美国扁柏

树干和树枝都向上生长，自然形成窄圆锥形的树形。分枝旺盛，叶片美丽，为银青绿色。

叶形 鳞片状单叶
树高 常绿中灌木　5~6 米
分类 柏科
分布 北美洲西部

粉面圆柱扁柏

日本花柏

别名：羽叶花柏、金丝桧叶

在广圆锥形的树形上，垂下呈丝状延伸的枝叶。金黄色的叶子在冬天是橙色的，非常美丽。

叶形 鳞片状单叶
树高 常绿中灌木　4~5 米
分类 柏科
分布 日本本州（岩手县以南）至九州

金线柏

Original Japanese title: HA·HANA·MI·JUHI DE HIKERU JUMOKU NO JITEN 600 SHU

copyright © 2015 by Hatsuyo Kaneda, Yoichiro Kaneda

Original Japanese edition published by Seito-sha Co., Ltd.

Simplified Chinese translation rights arranged with Seito-sha Co., Ltd. through The English Agency (Japan) Ltd. And Eric Yang Agency, Inc

协助拍摄 ——— 金田一

插图 ———— 竹口睦郁

庭院设计合作 — 古贺有子

工艺合作 ——— Plant doll、浜野 Wood

设计 ———— 志岐设计事务所株式会社（室田敏江）

协助编辑 ——— 帆风社

图书在版编目（CIP）数据

身边常见的600种树木识别速查图鉴 /（日）金田初代著；张文慧译.
— 北京：机械工业出版社，2021.9
ISBN 978-7-111-68843-3

Ⅰ.①身… Ⅱ.①金… ②张… Ⅲ.①树木 – 识别 – 图集 Ⅳ.①S79-64

中国版本图书馆CIP数据核字（2021）第155575号

机械工业出版社（北京市百万庄大街22号　邮政编码100037）
策划编辑：高　伟　周晓伟　　责任编辑：高　伟　周晓伟　刘　源
责任校对：张　力　　　　　　责任印制：张　博
中教科（保定）印刷股份有限公司印刷

2021年10月第1版·第1次印刷
145mm × 210mm · 11印张 · 2插页 · 347千字
标准书号：ISBN 978-7-111-68843-3
定价：88.00元

电话服务　　　　　　　　　　网络服务
客服电话：010-88361066　　机　工　官　网：www.cmpbook.com
　　　　　010-88379833　　机　工　官　博：weibo.com/cmp1952
　　　　　010-68326294　　金　书　网：www.golden-book.com
封底无防伪标均为盗版　　　　机工教育服务网：www.cmpedu.com